老人言

唐敏 编著

北京日报出版社

图书在版编目（CIP）数据

老人言 / 唐敏编著 . -- 北京：北京日报出版社，2024.11. -- ISBN 978-7-5477-4985-2

Ⅰ . B821-49

中国国家版本馆 CIP 数据核字第 2024VE1957 号

老人言

出版发行：	北京日报出版社
地　　址：	北京市东城区东单三条 8-16 号东方广场东配楼四层
邮　　编：	100005
电　　话：	发行部：（010）65255876
	总编室：（010）65252135
印　　刷：	三河市龙大印装有限公司
经　　销：	各地新华书店
版　　次：	2024 年 11 月第 1 版
	2024 年 11 月第 1 次印刷
开　　本：	710 毫米 ×1000 毫米　1/16
印　　张：	18
字　　数：	260 千字
定　　价：	48.00 元

版权所有，侵权必究，未经许可，不得转载

序　言

　　常言道："不听老人言，吃亏在眼前。"随着年龄的增长，老人的反应能力会逐渐下降；但随着其阅历的增加，他们在处理问题时要比年轻人更为冷静。一般来说，老人遇事时受自身情绪的影响要比年轻人小一些，他们大多不会太过冲动和急躁，而是能够凭借过往丰富的经验想出稳妥的解决方法，这就是我们平常所说的人生智慧。而那一句句广为流传、言简意赅却又含义深刻的老人言，正是老人们将这些人生智慧用通俗易懂的语言表达出来的结果。

　　上下五千年，流传下无数的老人言。这些老人言囊括了人生中的各个方面，不但有生活中的种种规律，也有人生路上的不同感悟，更有净化思想、培养品性的各种哲思……随着代代的传承，这些老人言不断丰富。这既是祖祖辈辈的经验，也是约定俗成的名言。它们朴素而又意味深刻，简单却饱含智慧，通俗又含义非凡。

　　老人言来源于生活，又高于生活。虽然，听在耳中平平淡淡，但是却能无形中影响我们的生活品质，陶冶我们的性情，增加我们的阅历，激发我们的潜能。

　　老人言看似简单朴素，却是人间至理，更是一种最为朴素的道理、最为简单的人间良言。它们能够让我们懂得如何为人处世，能够让我们学会如何生活，能够让我们在通往成功的道路上少走很多弯路。

　　老人言多是经过口口相传，因此字里行间透着朴实。它们都是生活经验的积累，所以每一句都散发着泥土的芬芳，携带着自然的清香。它们经历了时间的洗礼，用最为纯粹的智慧之光照耀着我们的人生道路，让我们得以真切地感受生活的意义，深刻地认识人生的真谛。当然，老人言是智慧的语言，它们能够传承至今，就足以说明它们内在的智慧远大于其外显的朴素。

为了让广大读者朋友更好地了解老人言，感悟其内在的大智慧，我们特此精心编写了这本《老人言》。全书从浩如烟海的老人言中精选出上百条，将它们归为九大类：立身处世、品德修养、社会交往、人间性情、求知求学、生存法则、人生感悟、生活智慧和居家管理。对于书中的每一条老人言，我们不仅做了详细的注解，同时辅以生动有趣、通俗易懂的故事，全方位阐述了老人言中所蕴含的人生智慧及生活哲理。真心希望读者朋友能够在阅读本书的过程中获益良多。

是为序。

目录

第1章
立身处世：努力挖掘自己，开启不一样的人生

人情留一线，日后好相见 …………………………………… 3
不识字，也要看招牌 ………………………………………… 6
吃别人嚼过的馍不香 ………………………………………… 10
不以言举人，不以人废言 …………………………………… 12
与人方便，自己方便 ………………………………………… 14
讷于言而敏于行 ……………………………………………… 17
聪明难，糊涂更难 …………………………………………… 20
人无刚骨，安身不牢 ………………………………………… 24
知足者常乐，能忍者自安 …………………………………… 27
以德服人者，心悦诚服 ……………………………………… 30
不图便宜不上当，贪图便宜吃大亏 ………………………… 34

1

第2章

品德修养：丰富精神世界，完善道德品质

人要忠心，火要空心 ···39

一天一根线，十年积成缎 ···42

善门难开，善门难闭 ···45

懒人嘴里明天多 ···47

刻薄不赚钱，忠厚不折本 ···50

不怕百战失利，就怕灰心丧气 ·································53

帮助别人要忘记，别人帮己要记牢 ·························56

饱谷穗头往下垂，瘪谷穗头朝天锥 ·························59

不怕人老，就怕心老 ···62

宁做仗义汉，莫做贪心人 ·······································65

宁可直中取，不可曲中求 ·······································68

第3章

社会交往：学会经营人脉，立足社会发展

言语乃是无情剑，不经意间最伤人 ·······················73

挨金似金，挨玉似玉 ···76

不行清风，难得细雨 ···80

舌头如利刃，伤人甚刀枪 ·······································83

劝人终有益，挑唆害无穷 ·······································86

蚊虫遭扇打，只为嘴伤人 ………………………………… 89
高山放纸鸢，全靠四边风 ………………………………… 92
朋友千千万，知己有几人 ………………………………… 94
一人肚里没有计，三人肚里唱台戏 ……………………… 97
人心换人心，八两换半斤 ………………………………… 100

第4章

人间性情：洞察人性，独具慧眼获成功

千里送鹅毛，礼轻情意重 ………………………………… 105
浇树浇根，交友交心 ……………………………………… 107
入山不怕伤人虎，只怕人情两面刀 ……………………… 110
船载千斤，掌舵一人 ……………………………………… 113
打柴问樵夫，驶船问艄公 ………………………………… 116
路遥知马力，日久见人心 ………………………………… 119
苍蝇不叮无缝的蛋 ………………………………………… 122
不打不成交 ………………………………………………… 125
背靠大树好乘凉 …………………………………………… 128
弹琴知音，谈话知心 ……………………………………… 131
眼睛不识宝，灵芝当蓬蒿 ………………………………… 134
亲不过父母，近不过夫妻 ………………………………… 137

第 5 章
求知求学：丰富自己，用方法补充知识

蜂采百花酿甜蜜，人读群书明真理 …… 141
用宝珠打扮自己，不如用知识充实自己 …… 144
花有重开日，人无再少年 …… 147
好花还须细水浇 …… 150
百艺通，不如一艺精 …… 152
搓绳不能松劲，前进不能停顿 …… 155
好记性不如烂笔头 …… 157
人过三十不学艺 …… 160
心专才能绣得花，心静才能织得麻 …… 162
一艺之成，当尽毕生之力 …… 164
针越用越明，脑越用越灵 …… 167
学在苦中求，艺在勤中练 …… 170

第 6 章
生存法则：在竞争大潮中稳步前行

听人劝，吃饱饭 …… 175
让人三分不为懦 …… 178
弓硬弦常断，人强祸必随 …… 182
你有你的关门计，我有我的跳墙法 …… 185

家有千金，不如薄技随身	188
枪打出头鸟，刀砍地头蛇	191
当断不断，反受其乱	194
巧干能捕雄狮，蛮干难捉蟋蟀	197
看风使舵，顺水推舟	200
打铁要自己把钳，种地要自己下田	203

第7章
人生感悟：融汇自身感悟，走出自主人生

种花一年，看花十日	209
一竿子打翻一船人	212
脖子再长，高不过脑袋	215
得中有失，失中有得	218
走马有个前蹄失，急水也有回头浪	222
高杨下柳，各有千秋	225
发回水，积层泥；经一事，长一智	228

第8章
生活智慧：走入生活，人生智慧无处不在

晴天不肯走，直待雨淋头	233
采动荷花牵动藕	236

病有千种，药有万变 ································· 239
宁做泥里藕，不做水上萍 ························· 242
枣到季节自然红 ·· 245
一锹挖不出个井来 ···································· 247
先钉桩子后系驴，先撒窝子后钓鱼 ········· 250
布衣暖，菜根香，葫芦瓜果半年粮 ········· 254
药对方，一口汤；不对方，一水缸 ········· 258

第9章
居家管理：做自己的主人，打造幸福家庭

满堂儿女，不如老夫老妻 ························· 263
一个女婿半个儿 ·· 265
家有贤妻，不给男人惹是非 ····················· 268
好狗不咬鸡，好汉不打妻 ························· 272
不当家不知柴米贵，不养儿不知父母恩 ··· 274
但行好事，莫问前程 ································ 277

第 1 章

立身处世：
努力挖掘自己，开启不一样的人生

人情留一线，日后好相见

【老人言解析】

做事不要做绝，不管在什么情况下，都给人留下一线生机，这样日后才不会反目成仇。谁都说不准，日后有没有合作的机会。

【人生应用：做人做事都不要做绝。】

在纷繁复杂的社会中，人与人之间的交往充满了各种可能性。有时，一次不经意的善举，可能成为日后重逢的桥梁；而一次冷漠的拒绝，也可能成为难以逾越的鸿沟。"人情留一线，日后好相见"这句老人言道出了人际交往中的一种智慧和策略。

张华是一家知名企业的中层管理者，他以严谨的工作态度和出色的业绩赢得了同事和上级的尊重。然而，张华的职业生涯并非一帆风顺，他也曾面临过职场上的低谷。

三年前，张华所在的公司因为市场环境的变化，决定进行一次大规模的裁员。作为部门负责人，张华不得不面对一个艰难的任务——选择员工，并将其裁掉。在经过深思熟虑后，他列出了一个名单，其中包括了几位表现平平的员工。

名单上的李明，是张华的大学同学，两人曾有过一段深厚的友谊。然而，由于李明近几年的工作表现并不突出，张华不得不将他列入了裁员名单。在宣布裁员决定的前一天，李明找到了张华，希望能得到一些帮助。面对老朋友的请求，张华感到十分为难，但他最终还是坚持了自己的决定。

"华哥,我知道我这几年的表现确实不好,但我真的不想失去这份工作。你能不能帮我想想办法?"李明焦急地说。

张华沉默了一会儿,然后缓缓地说:"明子,我理解你的难处,但这次裁员是公司的整体决策,我也无法改变。不过,我可以将你推荐到其他公司,或者给你一些职业发展的建议。"

李明虽然感到失望,但他还是感激张华的帮助。最终,他离开了公司,但在张华的推荐下,很快就找到了一份新的工作。

时间如白驹过隙,三年后,张华所在的公司因为一系列经营问题,业绩大幅下滑,张华也面临着被裁的风险。就在这时,他收到了一份来自另一家公司的工作邀请,而这家公司的 CEO 正是当年的李明。

原来,李明在离开后,凭借自己的努力和张华的建议,不仅在新公司站稳了脚跟,还逐步晋升为公司的高层管理者。得知张华的处境后,李明主动伸出了援手。

"华哥,当年你虽然没能帮我留在原公司,但你给了我重新开始的机会。现在,我想邀请你加入我们的团队,我相信你的能力和经验会给我们带来很大的帮助。"李明诚恳地说。

面对这份突如其来的邀请,张华感到既惊讶又感动。他意识到,当年自己留下的那一线人情,如今成了自己职业生涯的转折点。

张华接受了李明的邀请,加入了新公司,并很快展现出了自己的才华和价值。两人的友谊也因为这次经历而变得更加深厚。

这个故事告诉我们,无论在职场还是生活中,我们应该尽可能地给予他人帮助和机会。因为你永远不知道,今天的一次援手,可能会成为明天的一份回报。

在帮助他人的同时,我们其实也在为自己铺设未来的路。让我们以一颗宽容和善良的心,去对待身边的每一个人,因为你永远不知道,哪一次的善举,会在未来给你带来意想不到的回报。

【生活悟语】

　　人情世故是一个人在生活中必须懂得和了解的内容，若想要获得更大的发展空间，就必须有人情味地去做事和做人。

老人言

不识字，也要看招牌

【老人言解析】

即使不认识字，也应该去看看招牌，从中获取一些信息。做事一定要细心，努力收集信息，这样才能在竞争激烈的社会大潮中立稳脚跟。

【人生应用：擦亮眼睛，观察细处，收集信息。】

在当今的社会中，竞争异常激烈，一个人要想取得成功，就应有优于常人的敏感度，只有先于别人把握住信息，才能够知晓什么时候该平稳，什么时候该奋进。因为你的细心和超强的信息把握能力，能让你获得更多的机遇。

任何技术都会落伍，任何方法都会过时，任何产品都会被淘汰，在新旧更替的过程中，以前的领先者可能变成现在的落后者。人的一生也如此，有些人会被时代淘汰，有的人会后来居上，独领风骚。其实左右我们成败的关键，是我们能否在别人前面抢先抓住机遇。而把握机遇的重要方法就是要心细；重视信息，即使不识字也应该看看招牌。

信息是合成智慧的要素之一，脑袋里空空如也，就无智慧可言。而智慧就是抓住机遇的撒手锏，只有重视信息，才能够拥有创新和领航的能力。收集信息，就像读书学习一样，功利性不能太强，也就是说，不能要求学到就能用。许多基础知识，暂时用不上，将来也不一定能用上，但仍然需要储备。收集信息也是如此，凡与工作有关的信息，不管眼前是否有用，都要暂时储备起来，以确保决策的及时性。

成功者对于信息就像鼹鼠储备过冬的粮食一样，多多益善。日本的松下集团在信息搜集方面表现得极为出色。在一次与中国企业的贸易谈判中，松下代表团甚至能准确报出包括北上广深在内的超100个城市的电价，用以证明其电器产品的能耗水平完全符合中国消费者的期望。

美国国际商业信息公司的托马斯曾评价说："日本人在搜集情报方面的能力堪比梭子鱼，他们对一切细节都极为关注，甚至不惜复印餐馆的菜单。他们的信念是：'谁能预知未来哪些信息会显得重要？谁能确定哪片云彩会带来雨水？'"

的确，谁知道哪块云彩会下雨？谁知道哪些信息才是有用的？你不能等到需要时再去收集，否则在速度方面一定无法跟那些早有准备的人竞争。不识字也看看招牌。虽然看不懂文字，但能够看出招牌的大小，能看出它的材料是否高档，能看出它的设计是否美观、有品位。如此，我们了解的东西就已经很多了。对于信息，应该持此种态度，无论是否能看懂，都要事事留心、多听多看，以便掌握尽可能多的信息。

决策是在信息分析的基础上进行的，能否做出精明的决策，取决于信息分析能力强弱。多数情况下，我们无法获得某件事的所有信息，只能根据残缺不全的信息进行决策，而成功者就像荒野之狼，对于机会具有惊人的嗅觉，对信息的敏感性很强，往往能够根据极有限的信息判断事情的进程，迅速做出决定。而且，一旦做出决定，就不再犹豫，积极行动。因此，他们总是能够跑在前面，抢先抓住机会。

《夷坚志》记录了这样一件轶事：宋朝时，临安城失火，烧毁大量民居。一位裴氏商人的店铺也起火了，但他在组织救火的同时，带上大量银两和店里最得力的伙计，出城采购了很多竹木砖瓦、芦苇橼桷等建筑材料。待火灾过后，百废待兴，建筑材料奇缺，价格暴涨。

老人言

　　清朝时，山西太谷县有一个曹氏商人，善于经营。有一年，当地风调雨顺，高粱长得茎高穗大，十分茂盛，但曹某觉得有些异样，随手折断几根高粱一看，发现茎内都生了害虫。于是，他连夜组织人力、资金，大量收购高粱。当时，人们普遍认为丰收在望，粮商们将库存高粱大量出售，以腾出资金、仓库，准备收购新粮。结果，高粱成熟之际，多因害虫的破坏，而造成高粱歉收，当地粮食紧缺。

　　在这两个故事里，裴某和曹某仅仅根据一星半点信息，就准确预测了事情的发展，嗅觉堪称灵敏。有如此高的信息分析能力，何愁不能生意兴隆？

　　信息分析能力不是天生的，需要长期的积累。"不识字，也要看招牌"告诉我们需要时刻留意身边的事情、信息和变化，摸清其中的规律和因果关系，这样才能通过分析，把握住机遇。

　　渡边正雄是一位半路出家的地产商人，50多岁才创办了"大都不动产公司"。以他的实力，根本不可能在大都市争夺黄金地段，于是，他把目光转向那些著名公司不屑一顾的地方。

　　有一天，渡边得到一个信息，那须有几百万平方米的高原土地，价钱非常便宜，每平方米仅60多日元。那须是个人迹罕至的地方，没有公路，没有水电设施，似乎不适合人类居住。但渡边却发现了这里的开发价值，虽然这里是一片广阔无边的高原，但跟天皇御用地邻接，这会令人感觉到置身在与帝王一样的生活环境里，能满足自尊心和虚荣心。再说，在这个拥挤的时代，把高原改造成聚居地一定为期不远。这时候买下来，将来一定有钱赚。

　　于是，渡边倾尽所有，将那须数百万平方米的土地全部买下来。然后，他把土地细分为道路、公园、农田、建筑用地，又与建设公司合作，准备先盖200户别墅和大型出租民房。然后，他开始分段出售农田和别墅用地，以偿还贷款。

　　那须远离都市的喧嚣，空气清新、景色优美，对厌恶城市污浊空气的人很有吸引力。渡边以此为卖点，展开了宣传攻势，并很快取得了效果，订单多得让他应接不暇。一年后，渡边将那须的土地卖出了五分之四，净利达 50 多亿日元。

在竞争如此激烈的情况下，普通人要想成功，就得在敏锐地捕捉信息后，不断创新，并牢记"不识字，也要看招牌"的老人言，抓住信息和创新的脉搏。

【生活悟语】

万事皆遵循保持稳定的规律，人的思想亦是如此，若想要获得成功，就必须要打破这种规律，努力去收集信息，从中寻找突破的机会。

老人言

吃别人嚼过的馍不香

【老人言解析】

有人可能会认为：别人嚼过的馍，我为什么要继续吃？其实在如今社会，很多人都在走别人走过的老路。这句老人言其实是告诉我们，应该有自己的主见和判断，不盲从，只有自己奋斗来的成果才是最香甜的。

【人生应用：生搬硬套没有未来，创新求变才是出路。】

在人的一生中，常常面临抉择：是沿着他人走过的老路，亦步亦趋；还是勇敢地开辟属于自己的道路，通过不懈奋斗去收获独特的成果？答案显然是后者。走别人走过的老路，看似平坦顺畅，实则暗藏危机。这就如同在茫茫人海中盲目跟从他人的脚步，极易迷失自我，陷入困境而无法自拔。例如，共享单车领域曾一度火爆，众多企业纷纷效仿，一拥而入。然而，由于缺乏创新和差异化，大多数跟风者在激烈的竞争中难以立足，最终只能黯然退场。而通过自身奋斗所获取的成果，却有着无可比拟的魅力和价值。奋斗的过程，是自我锤炼与成长的历程，它磨砺我们的意志，提升我们的能力，塑造我们的品格。

以雷军所创办的小米公司为例，在智能手机市场竞争激烈的环境下，小米没有选择追随苹果、三星等国际巨头的老路，而是凭借对市场的敏锐洞察和创新精神，开创了独特的互联网营销模式。通过倾听用户的需求，不断优化产品设计，小米迅速崛起，成为全球知名的智能手机品牌。正是因为坚持自主创新和奋斗，小米不仅在国内市场取得了巨大成功，还在国际市场上占据了一席之地。

又如老干妈辣椒酱创始人陶华碧，她从一个街边小吃摊起步，没有借鉴其他食品企业的大规模生产模式，而是依靠自己对传统工艺的坚守和创新，精心调制出独特的辣椒酱配方。经过多年的辛勤打拼，老干妈凭借其独特的口味和良好的口碑，畅销国内外，成为家喻户晓的品牌。陶华碧的成功，源于她对品质的执着追求和不懈的努力奋斗。

再看格力电器的董明珠，在空调行业竞争激烈的形势下，她没有照搬其他企业的发展路径，而是通过加强技术研发，狠抓产品质量，打造出格力的核心竞争力。在她的带领下，格力不断推出节能环保、智能化的新产品，赢得了消费者的信赖和市场的认可。董明珠用自己的奋斗，让格力成了中国空调行业的领军企业。

自己奋斗得来的成果，能给予我们内心深处最真实、最持久的满足感和成就感。这种感受并非源自物质的堆砌，而是源自对自身努力与付出的认可。

比如，拼多多在电商巨头林立的市场中，没有选择模仿淘宝、京东等传统电商的模式，而是聚焦于下沉市场，通过社交电商的创新模式，以及对农产品的大力推动，实现了快速发展。拼多多的成功，为广大消费者提供了更多的选择，也为众多中小企业和农户创造了新的商机。其创始人黄峥通过不懈的奋斗和创新，打造出了一个独具特色的电商平台。

这些成功的案例都充分证明，只有通过自己的奋斗，才能创造出真正属于自己的辉煌。倘若总是依赖他人的经验，走别人走过的老路，我们将失去创新的动力和发展的机遇。

【生活悟语】

在这个瞬息万变的时代，我们应当勇敢地迈出属于自己的步伐，用汗水和智慧去书写人生的精彩篇章，去收获那份独一无二、无比珍贵的奋斗成果。

不以言举人，不以人废言

【老人言解析】

不能因为一个人说了些动听的话就提拔，也不能因为某个人行事有缺陷和不足便连他说的话都完全不理。我们用人时一定要慎重，不能只以只言片语论事，有的人能干但是口才不好，而有的人口才好却没真才实学；更不能因为某人存在某方面的不足就连对方说话的权利都剥夺，从而以自己喜好肯定或否定他人。只有实事求是、广纳百川才是聪明人的选择。

【人生应用：听其言观其行，全面举人。】

汉文帝刘恒有一次游上林苑看虎，问陪同的众校尉："你们可知道这苑里飞禽走兽共有多少种，多少只吗？"随从的官员应答不上。一个管理虎圈的小吏，为讨皇帝欢心，卖弄伶牙俐齿，对答如流。汉文帝听得眉开眼笑，马上就决定要封这个小吏为上林令。

这时陪同在他身旁的廷尉张释之劝道："周勃和张相如都是大家公认最称职的官员，在回答皇上的问题时，有时也答不上来。秦朝的刀笔吏争相比赛，看谁说话更敏捷干练，却从来没有能够从办事效果的角度去考虑，这样的坏风气一直延续到了秦二世，天下局势也就不可收拾了。如果陛下仅仅因为这个小吏口齿伶俐、夸夸其谈，就破格提拔，恐怕天下就会追随这样的风气，争逞口舌之能，而没有实际做事的人。像这个小吏这样的人只会耍花架子，对老百姓的实际困难一点裨益都没有。所以,要提拔这样的人必须慎重。"

这番话让汉文帝明白了以言举人的弊端,当即取消了这个任命。

汉文帝的做法其实就是告诉我们,选拔任用人才应务实而不是务虚。实则有益于事业,务实者实事求是、遵循客观规律,但不会曲迎上意不易,讨人喜欢。虚则不利于事业,务虚者善于迎合上意,巧言令色,讨人喜欢。只有全面去了解一个人,才能真正了解对方的能力和实力,这样才能够正确评价一个人的才干和品格,而且人无完人,看人也不能仅仅看到对方的缺点。其实任何人的任何话都有可能对我们有益处,关键是看我们能否从中得到启发。

"不以言举人,不以人废言"。对于如今的我们也是值得借鉴的。在处理问题时,不能偏听偏信,也不能对人抱有成见,一定要全面地、客观地去看待每一个人,这样才能公正平和地处理好每一件事情。

【生活悟语】

人无完人,金无足赤。贤才未必都有匹配的身份,其知识和言论或有可取之处。而言论动听者,正中我们下怀的人,却不一定有真才实学——要客观看待他人,不可凭一己之见。

老人言

与人方便，自己方便

【老人言解析】

这句老人言说的就是给予他人便利，他人也会给予我们便利。立身处世必然需要接触他人，来而不往非礼也，做人能够坦诚、心怀善意，必然也能够赢得他人的坦诚和善意。

【人生应用：你便利我便利，大家都便利，营造双赢靠态度。】

谦恭礼让、真诚待人是君子的风范，斤斤计较是小人的所为；进一步是危险的悬崖，退一步海阔天空。做人做事都需要让人一步，待人接物要抱真诚宽厚的态度。与人方便，自己方便。在与人交往时，主动让人一步，也可以为自己以后进一步留下余地。真诚待人，给予他人方便，也是在为自己积累方便。

小镇上，生活着一群朴实善良的人。这个小镇有一条狭窄的街道，街道两旁是各式各样的小店铺，平日里十分热闹。

在这条街道的拐角处，有一家小小的杂货店，店主是一位名叫老李的中年人。老李为人忠厚老实，做生意童叟无欺，在小镇上颇受大家的尊敬。

有一天，小镇上来了一位陌生的商人。这位商人推着一辆装满货物的手推车，想要穿过这条狭窄的街道。然而，由于街道上行人众多，加上他的手推车体积较大，行动十分不便。商人着急地左顾右盼，额头上冒出了汗珠。

老李看到了商人的困境，他赶忙走出杂货店，热心地对商人说："来，我帮你看着点儿，你慢慢推过去。"在老李的帮助下，商人顺利地通过了拥挤的街道。商人感激不已，从车上拿出一些货物想要送给老李作为答谢，但老李坚决拒绝了："与人方便而已，哪能要你的东西。"

不久之后，小镇遭遇了一场罕见的暴风雨。狂风呼啸，暴雨倾盆，老李的杂货店屋顶被风刮破了一个大洞，雨水不断地灌进来。老李焦急万分，却又不知如何是好。

就在这时，那位曾经受过老李帮助的商人路过。他看到老李的杂货店的惨状，二话不说，立即叫上几个伙计，带着工具和材料赶来帮忙。他们迅速爬上屋顶，修补好了漏洞，让老李的杂货店避免了更大的损失。

老李感动得热泪盈眶，紧紧握住商人的手说："真是太感谢你了，要不是你，我这杂货店可就遭殃了。"商人笑着说："您忘了？之前您帮我穿过街道，这也是我应该做的，与人方便，自己方便啊！"

又过了一段时间，小镇的经济不太景气，许多店铺的生意都变得冷清起来。老李的杂货店也受到了影响，货物积压，资金周转困难。

正当老李一筹莫展的时候，那个商人再次出现了。他了解到老李的困境后，主动提出与老李合作。商人利用自己的人脉和渠道，帮助老李把积压的货物销售出去，同时还为老李引进了一些新的商品。在商人的帮助下，老李的杂货店渐渐恢复了生机，生意又重新红火起来。

经过这一系列的事情，老李深刻地体会到了"与人方便，自己方便"的真谛。他更加热心地帮助他人，无论是邻居家的小孩需要临时照看，还是老人购物时需要帮忙搬运重物，老李总是毫不犹豫地伸出援手。

而老李的善举也在小镇上传递开来，越来越多的人受到他的影响，大家相互帮助，整个小镇变得更加和谐、温暖。

老人言

有一次，小镇上的一位小伙子想要创业，但缺乏资金和经验。老李不仅慷慨地借给他一笔启动资金，还把自己多年的经商经验毫无保留地传授给他。在老李的支持下，小伙子的事业蒸蒸日上，最终成了小镇上的一位成功企业家。

多年后，老李的身体渐渐不如从前。当他生病住院时，小镇上的人们纷纷前来探望，有人送来鲜花，有人送来水果，还有人主动帮忙照顾杂货店的生意。这些温暖的关怀让老李倍感欣慰，他知道，这都是他平日里与人方便所积累下的善缘。

在这个小镇上，"与人方便，自己方便"不再是一句空洞的口号，而是成了人们生活中的实际行动，让每一个人的生活都充满了爱与关怀。

其实，无论是安身还是立命，是经商还是致富，都不会过时。如果你处处只想到自己的利益，就会众叛亲离；若过于孤立，则成功的缘分就渐渐疏离；不该得的财富你处心积虑地想拥有它，到头来你失去的会更多。所以，请不要太过苛刻，而要记住"与人方便，自己方便"。

【生活悟语】

生活不是一个人的，很多事也并非一个人可以挑战成功的。我们需要他人的帮助，所以请不要太过苛刻，要记住，路是大家走的，别独自强占。

讷于言而敏于行

【老人言解析】

　　人们应该说话谨慎，因为祸从口出。说话不谨慎，伤害自己又伤害他人，还会招来麻烦，而做事情则应该干练勤奋。这句老人言告诫人们要少说话多做事，是当今社会大多数人应遵循的准则。

【人生应用：言多必失，少说空话，做行动的巨人。】

　　言多必失，说话应谨慎。舍弃那些不可说的话，而只说应说的话。日莲和尚在给其信徒的一封信中写道："祸从口出使人身败名裂，福从心出使人生色增光。"这句话的意思就是，有时说话的人并无恶意，但对听者而言，却可能是伤及他自尊心的恶语。所以，劝诫人们，说话应谨慎，只说该说的话。

　　言谈能反映一个人为人处世的涵养功夫，说话把握尺寸，说得恰到好处，是一种修养，一种水平。既不能喋喋不休、口若悬河，又不能该说话时却沉默寡言。而如果一个人想和平地度过一生，他绝对有必要学会自我克制。我们必须学会容忍和克制，脾性必须服从于理性的判断。检点自己的言行对个人幸福是绝对必要的。因为一些话语比打人更伤人心，多去做事、少说空话才能够得到更多人的认可。有时候人们说话稍不注意就有可能伤害他人，有句法国谚语说得好："语言造成的伤害比刺刀造成的伤害更让大家感到可怕。"

　　很多刺人的反驳，不经大脑就溜到嘴边说出来，可能会使对方很难堪。

我们在社会上立足就必须注意自我克制，很多成功人士都能够懂得自我克制，他们总会避免自己心直口快、直言无忌，绝不以伤人感情为代价而逞一时口舌之快。比如，有的人在工作中看到别人干活不好时，他不会在旁边指手画脚、说三道四，更不会把别人撵走，显示他的能干。而是很客气地说："我试试看怎么样？"这样说了，即使在接下来的工作中干不好也不会丢面子；如果干得好，即使别人嘴里不说，心里也会佩服他。尤其是他没伤别人的面子，又替别人干好了活，别人于是从心底认为这个人做人稳重、踏实，又有真本事。

我们处世就要慎于言，敏于行。行动在别人之前，语言在他人之后，这样才能够做到更好。要想谨慎说话，就必须控制自己的语言欲望。首先，要尽量少说话，虽然不说话会稍显木讷，但是也能够给人留下稳重的印象。所以，尽量少说话，可以不说的就不要去说，尤其是和自己没有什么关系的事情更是如此，毕竟言多必失。其次，要控制自己少传流言，世界上没有十全十美的人，很多人喜欢在他人面前说其他人的短处，轻易揭露别人的隐私，这样做不但有碍于别人的声望，也会显出我们做人的卑鄙。所以，当听到流言蜚语时，听过就算了，不要记挂在心上，更不要去做传声筒四处张扬。再次，不要说空话假话，说到做到才是一个人品质修养的体现。如果整天空话连篇却无做实事的能力，那么必将一事无成。假话更是如此，是一种欺骗，会让说假话的人失去他人的信任，最终落得说话无人听、办事无人理的境地。所以，一定不要说空话、假话。最后，要学会说话技巧，在恰当的时间和地点说恰当的话，才能够使人爱听和喜欢，这是立身处世最基础的功夫。说话得体，就能够让人高兴；而信口开河，就会伤人心、失人信。

很多人不爱说话，其实并非无话可说，而是他们知道自己说多了可能就会败事的道理。尤其在大庭广众之下，更要慎重处理自己的言谈，不能争强好胜，抢着说话，应该多虚心听取他人的意见和建议，而且在这个过程中最好多做事,通过行动来体现对话语的理解,这是一种无声的语言,最能够获得他人的理解和信任。

【生活悟语】

给自己的嘴放一个把门的工具,说话前先经过一下自己的大脑,别脱口而出;多做事少抱怨,很多事情不是说出来就能够体现能力的,多做比多说更有价值。

老人言

聪明难，糊涂更难

【老人言解析】

一个糊涂人想要聪明起来比较困难，而一个聪明人糊涂起来却更为困难。不要什么事情都显示自己的聪明。比如，在不恰当的场合看到不恰当的事情或不该看到的事情，就要装作糊涂，装作不知道，这是一种立身处世的经验，也是一种智慧。

【人生应用：难得糊涂，切勿时时聪明。】

智和愚对人一生的影响极大，聪明一世，糊涂一时，就是说聪明人有时也会办糊涂事；而大智若愚，难得糊涂，说的却是有时聪明的人表面上会显得比较愚拙，这是一种人生智慧。

人有聪明和糊涂之分；同是聪明人，又有大聪明和小聪明之分；同是糊涂人，则又有真糊涂和假糊涂之分。有的人外表似乎固执保守，而内心却世事通达，才高八斗；有的人外表精明干练，而内心却空虚惶恐，底气不足。

人生是个万花筒，社会是个大染缸，个人要在社会之中立足就必须有足够的聪明智慧作支撑，应对各种变化。但是，有时候以静观动、守拙若愚这种处世的艺术比聪明还要更胜出一筹。聪明是天赋智慧，糊涂是聪明处世的一种表象。人贵在能集聪与愚于一身，需聪明时便聪明，该糊涂处且糊涂，随机应变。

老子大概是把糊涂处世艺术上升至理论高度的第一人。他自称

"俗人昭昭，我独昏昏；俗人察察，我独闷闷"。而作为老子哲学核心范畴的"道"，更是那种"视之不见，听之不闻，搏之不得"的似糊涂又非糊涂、似聪明又非聪明的境界。人依道而行，将会"大直若屈，大巧若拙，大辩若讷"，即大智若愚。在《列子·汤问》里愚公与智叟的故事，就是我们理解智愚的范本。

宁武子是春秋时期卫国大夫，姓宁，名俞，武是他的谥号。经历卫文公和卫成公两代君主。他在辅佐卫文公的时候天下太平，政治清明，国家政治走上了正轨，他的智慧、能力、才干都发挥了出来。可是后来到了卫成公的时候，朝堂内外都非常混乱，卫成公出奔陈国，而宁武子则留在了国内。可是他在这个时候，却表现得愚蠢鲁钝，好像很无知。但从历史上看，他并不笨，他在无形之中、局外人看不见的情形下，努力挽救了当时的政权。表面上好像他碌碌无能，没有什么表现，可是他对于国家、社会却做出了很大贡献。所以，孔子给他下了一个断语："其智可及也，其愚不可及也。"宁武子这种聪明的表现，有的人还可做得到，但处于乱世的那种愚笨的表象，很多人就难以学到了。

在古代上层社会的人事倾轧中，糊涂是官场权力游戏的基本功。仅以东汉末年三国时期的两场充满睿智的精彩表演为例，一是曹操、刘备煮酒论英雄时，刘备佯装糊涂得以脱身；二是曹、司马争权时司马懿佯病巧装糊涂反杀曹爽。后人总结说："惺惺常不足，憒憒作公卿。"苏东坡聪明过人，却仕途坎坷，曾赋诗慨叹："人人都说聪明好，我被聪明误一生。但愿生儿愚且蠢，无灾无难到公卿。"为官可以愚，但为政须清明，不可混淆。

"难得糊涂"是糊涂学集大成者郑板桥的至理名言，他将此体系上升为："聪明难，糊涂亦难，由聪明转入糊涂更难。放一着，退一步，当下心安，非图后来福报也。"做人过于聪明无非占点小便宜；遇事装糊涂，只不过吃点小亏。但有时吃亏不是祸，反而有意想不到的收获。

郑板桥曾经说过："世间精于算计者，又有几人能从他人处得到一丝一毫？最终不过是自欺欺人罢了。"他认为：在这世上，最为悲哀的

老人言

莫过于那些自认为聪明的人，他们自诩为"智慧之士"，却心怀小人之念，他们最大的对手，其实是他们自己。在人际交往中，与其耍小聪明，还不如保持一颗纯朴而宽容的心。

郑板桥以不羁的个性著称，但是他的心地却是非常的善良。在1751年，郑板桥在范县任职时，面对空荡荡的衙门和四周的寂静，不禁感到一种深深的失落。他反思道："人生匆匆，半世已逝，难道人生就只是这样吗？追求名利，争强好胜，最终又能换来什么？或许，保持一种糊涂的心态，对万事万物都不过于计较，心才能得到真正的平静。"于是，他提笔写下了"难得糊涂"四字，这被视为一个真正智慧之人在面对纷扰世界时所发出的无奈之言。

到了1754年的秋天，郑板桥从山东范县调至潍县担任知县。上任之初，便遇到了百年难遇的旱灾。而当时的钦差姚耀宗对此漠不关心，反而向郑板桥索求书画。郑板桥便以一幅带有讽刺意味的画作回应，结果姚耀宗愤怒地撕毁了画作。目睹百姓的苦难，郑板桥感到极度的无力和忧郁。他的妻子劝他："既然皇上不问，钦差也不理，你何不就装作不知呢？"郑板桥坚决回应："装作不知，我做不到。你可明白，真正的聪明是难能可贵的，而糊涂也同样不易，从聪明转为糊涂更是难上加难，难得糊涂。"这番话正好激发了他，于是他以"拯救苍生，不计个人得失"为信念，毅然决然地开启官仓，赈济灾民。

糊涂有两种：一种是真糊涂，懵懵处世，似是与生俱来，装不来，求不到；另一种是假糊涂，明明是非黑白了然于心，偏偏装作良莠不分，就由"聪明转入糊涂"了。根据郑板桥的这种性格和心理，出淤泥而不染，要他违背自己的理念和道德准则，显然是一种痛苦与折磨。聪明人基于良知、道德想要有所为，而要他装作糊涂而无所为，的确很难。所以，徐兰州认为："郑板桥这段感慨'难得糊涂'的题书，其中有段非常感性的心路历程，也是知识分子从政，在专制制度腐败政权中无法展现宏志的一种抗议之声。它具有为所当为的失败含义、不可为而为的胆识。因此，这种'心理调节'乃是试图把自己的心理反差平衡一下，以求得方寸的短暂安宁。"

郑板桥在任潍县知县时，其堂弟为了祖传房屋的一段墙基，与邻居发生诉讼，请求郑板桥函告兴化县（今兴化市）相托，以便赢得官司。郑板桥回信拒绝了。稍后，他又写下"难得糊涂""吃亏是福"两幅字。

郑板桥从不糊涂，他之所以感叹"难得糊涂"，自有其苦衷。朱铁志认为"郑板桥是个极为清醒的人。唯其清醒、正派、刚直不阿，而对谗言无能为力时，才会有'难得糊涂'的感叹，'难得糊涂'的难在哪里呢？难在他毕竟清醒自明，心如明镜，无法对恶势力充耳不闻，视而不见；难在他一枝一叶总关情，对百姓的疾苦不能无动于衷。他只有假装糊涂，然则终不能无视现实，遂于痛苦于内，淡然于外，而生'难得糊涂'之叹。"

以仁者爱人之心处世，必不肯事事与人过于认真，因而"难得糊涂"确实是郑板桥襟怀坦荡、无私的真实写照，并非一般人所理解的那种毫无原则、稀里糊涂。聪明与糊涂是人际关系范畴内必不可少的技巧和艺术，其本身并无优劣之分。只不过太聪明的人，学点"糊涂学"中的妙处，于己大有益处。古人云："心底无私天地宽。"天地一宽，对一些琐碎小事，就不会太认真，苦恼也不来了，怨恨更谈不上。

在吕坤的《呻吟语》中有这样一句话："迷人之迷，其觉也易；明人之迷，其觉也难。"意思是说，糊涂人不明事理，但经过开导使他明白过来，还比较容易；明白人若是犯起糊涂来，要使他醒悟过来，那就很难了。糊涂人之所以容易开导，是因为他谦虚，对人不存成见，容易接受别人的帮助，从而明白一些道理。聪明的人却不同，这种人大多自恃聪明，固执己见，当然不容易接受别人的意见，一旦思想上误入歧途，那就只能是深陷其中了。

【生活悟语】

聪明人恰到好处地糊涂一下，并不是什么困难的事情，不要一直显露你的出色才华和聪明才智，该糊涂时要糊涂！

人无刚骨，安身不牢

【老人言解析】

人如果没有坚硬的骨头，身体就无法站立起来。这句老人言是比喻只有拥有坚毅的性格和强烈的自信心，才能够安身立命、立身行事。

【人生应用：顽强的意志和发自内心的自信，是成功的关键。】

任何人都希望自己能够获得成功，但是有些人总会拿自己跟他人比较，最终感觉自己一无是处。其实我们要清楚，尺有所短，寸有所长，每个人都有自己独一无二的气质和优势，若想最终获得成功，我们就必须对自己充满信心，要有坚毅的性格和顽强的意志，努力去拼搏，这样才能够最终战胜自我，获得最大的成就。

一位名叫布莱恩的青年因为意外，两条腿被火车碾断了，从此以后他就失去了劳动能力，一贫如洗。然而，布莱恩却凭借意志和信心，让自己重新站立了起来。他爱好爬山，于是装上了假肢，不停锻炼，登遍瑞士境内的大山，在此过程中，他还劝募慈善基金。他从来没有服过输，从来没有想过放弃，在攀登阿尔卑斯山的艾格峰时，他用两条假肢，蹒跚而行，攀过峭壁，终于登上了峰顶。如今，布莱恩从事推广残障者户外活动，打算以自己的事迹来造福残障者。像布莱恩这样的人，即使身残还能志坚，即使缺失身体却依然信心十足，他能够朝气蓬勃地生活，能够活得多姿多彩，把生命的意义发挥到极致。其中最主要的就是因为他对自己充满了信心，他对自己所拥有的做了肯定。

《艾子杂说》中有一则寓言。龙王与青蛙一天在海滨相遇，打过招呼后，青蛙问龙王："大王，你的住处是怎么样的？"龙王说："珍珠砌筑的宫殿，贝壳筑成的阙楼；屋檐华丽而有气派，厅柱坚实而又漂亮。"龙王说完，问青蛙："你呢？你的住处如何？"青蛙说："我的住处绿藓似毡，娇草如茵，清泉沃沃，白石映天。"说完，青蛙又向龙王提出了一个问题："大王，你高兴时如何？发怒时怎样？"龙王说："我若高兴，就普降甘露，让大地滋润，使五谷丰登；若发怒，则先吹风暴，再发霹雳，继而打闪放电，叫千里以内寸草不留。那么，你呢，青蛙？"青蛙说："我高兴时，就面对清风朗月，呱呱叫上一通；发怒时，先瞪眼睛，再鼓肚皮，最后气消肚瘪，万事了结。"

龙宫固然美丽，但青蛙居所也别具一格。青蛙在龙王面前，充分表现了自信，可谓不卑不亢。只有心灵健全的人，才能切实地做到这一点。在现实社会中，有的人意志并不坚定，在屈辱面前放下了自信，不惜降低自己的尊严，去逢迎那些在某一点上比自己强的人，哪怕逢迎者对自己傲慢无礼。这种卑己而尊人的行为着实不妥。若想自己能够有所成就，就必然需要我们锻炼坚强的意志，树立足够的信心，只有这样才能够稳步行走在社会上，轻松快乐地攀上世界的顶峰。

而想要拥有信心和坚强的意志，就需要进行锻炼。我们可以多想想自己出彩的长处，多想一些超越他人的优点。比如，我们可能感觉自己不如他人聪明漂亮，但是我们有一颗善良的心；可能没有他人那么超强的能力，但是我们有着他人所没有的理解力和亲和力。这样我们才能更好地发挥自身的长处，从而变得自信起来。不要活在他人的期待中，人生道路是我们自己的，是需要我们自己去开拓进取的，他人的期望并不代表我们的成就。所以，不要妄自菲薄，也不要将他人的期望看作沉重的包袱，能够认清自己的人还是我们自己，凭借我们自己的知识和经验,凭直觉去发挥自己的长处,去寻找属于自己的成功。

我们必须了解,任何一个人,只要能激发出自信心和坚强的意志,便会积极进取。能发觉自己优点的人,就有了滋润信心的沃土。会引导自己孜孜不倦地学习,这样自己想办到的事情必能办得到。凭借信心去提高自身的意志,不消沉和懊悔,不悲叹与仰慕,才能踏上属于自己的人生道路。

【生活悟语】

任何人都没有高低贵贱之分,所以不要自怨自艾,我们的人生就应该活出属于自己的色彩。锤炼意志,增强信心,为自己的明天勇敢"买单"。

知足者常乐，能忍者自安

【老人言解析】

懂得知足的人才能够生活得快乐，而能够忍耐的人才能够一生平安。人要学会知足，也要懂得忍耐的意义，不要凭借一时之气就冲动，只有这样才能够生活得幸福快乐。

【人生应用：追求必不可少，但要有度；气愤定然会有，但须能忍。】

在生活中，每一个人都需要渡过忍耐这一关卡，毕竟我们在社会中定然会接触到更多的人，也必然会有不顺自己心意的时候，这里忍的一种是气愤，一种是屈辱。气愤来自生活中的不公，屈辱产生于人格上的褒贬。忍气是为了求安，凡事要想得开，看得远，正如俗话所说的："忍得一时之气，免得百日之忧。"做人要学会忍辱负重。忍耐是一种美德，是一种成熟的涵养，更是一种以屈求伸的深谋远虑。

以前我们用的枕巾上会绣有："知足者常乐，能忍者自安。"可能最初的时候我们并不懂它的含义，但是当真正步入社会的时候，老人必然会告诉我们，做人要知足，要学会忍耐，既然步入社会就不能像在家中那般任性。

虽然经历了多年的风雨，但是这句话依然是我们平和心态的座右铭，依照它，则自有安与乐。它能使人在困顿中找到心理上的平衡，聊以自慰。唐代诗人刘禹锡就曾感叹地说过："长恨人心不如水，等闲平地起波澜。"水从高处而来，却向低处流淌，乃至归入大海，其贵就贵在平静低调。每当遇到一件事时，保有一颗平常心，则处事安然。

知足者，在遇到名利的问题时，没有奢望，也就少有失望，更不会绝望；能忍者，在遇到是非问题时，就很能忍耐，忍让一下也就海阔天空、心平气和了，除非大是大非的问题，不能放弃原则外，就很少争我高你低。人生在世，从出生的那一刻起，就注定了会逐渐老去，在这个过程中又都要经历成功、失败，经历欢乐、痛苦，经历相聚、分离，经历生与死。这是一种客观的存在，是谁也逃避不了的现实。

人生于世，要有"利万物而不争"的品格，那样不仅精神世界居于高处，人生也将进入开阔处。但要达到如此的境界，最需摆脱名缰利锁的束缚。须知，"家有黄金万两，每日不过三顿；纵有大厦千座，每晚只占一间"，世上的一切，都乃身外之物，生不带来，死不带去。

如果你为自己休息无聊苦恼时，那么去想一想那些为了养家糊口，每天必须工作却从没有休息日的人；如果你夜不能寐，心情抑郁，那么去想一想那些无家可归、露宿街头的人；如果你为自己没有车而叹息时，想一想那些瘫痪在床的病人是多么渴望徒步行走的机会；如果你对自己经济收入感到不满时，想一想那些失业而生活无着的人。我们只有把自己放在知足的位置上，才能知道生活的美好，才能常乐，才能自安。

忍耐是人类适应自然选择和社会竞争的方式。大凡世上的无谓争端，多起于芥末小事，一时不能忍，铸成大祸，不仅伤人，而且害己，此乃匹夫之勇。凡能忍者，不是英雄，至少也是达士；而遇事不能忍者，纵然有点愚勇，终归城府太浅。人有时大愚，小气不愿咽，大祸接踵来。人应该为自己的目标而活着，切莫因别人的失礼而生气。谁都不愿被别人所左右，如动辄生怒，恰恰自陷于受别人左右的陷阱，这样不仅左右你面部表情，而且左右你的心理、情绪，被人玩弄于股掌之上，激将法正是如此。

忍耐并非懦弱，而是于从容之中冷嘲或蔑视对方。唐代高僧寒山问拾得："现在有人侮我、冷笑我、藐视我、毁我、伤我、恶我、恨我、欺骗我，怎么办呢？"拾得回答说："你只要忍他、依他、让他、敬他、避他、苦苦耐他，装聋作哑，漠然置之，冷眼观之，看他如何结局。"这种回答，用老子的"不争而善胜，不言而善应"这句话来评论恰如其分。

我们想要成就一番事业，都难免要经受一段忍辱负重的委屈历程。因此，忍辱几乎是有所作为的必然代价，能不能忍受则是成功者与普通人之间的区别。韩信受胯下之辱、张良桥下纳履，皆为英雄人物忍辱的典故。屈辱能令人发愤，催人奋进，是一种无形而巨大的向上动力。"小不忍，则乱大谋"，司马迁也是因宫刑而后著《史记》。忍耐不但可以明哲保身，又能以屈求伸。因此，凡是胸怀大志的人都应该学会忍耐。

当然，学会忍耐，并不是让我们压抑心中的烦闷和痛苦，而是要合理地施压与解放，通过自如调节内在的心理防御机制，将生活中不快的负面反应及其引起的不良情绪或压抑到意识之下，或遗忘在意识之外。被迫的忍耐无疑有强行压抑的痛苦，人世间确有许多事忍无可忍，连素来温厚的孔子也曾尝"是可忍，孰不可忍"的苦味。是否可忍的关键并非在事情的本身，而在于自己视其分量大小而定。如果对生活中的某些不快时时铭心刻骨、耿耿于怀，那么忍耐这一关是很难跨过去的。反之，若能对微末小事视而不见、过后即忘，则能淡泊以明志，宁静以致远。

【生活悟语】

能对自己小小的成就感到满足，可以使自己轻松愉悦，也让自己拥有追寻更高成功的动力；忍耐小小的不满和屈辱，能够让自己心情平静，云淡风轻。

老人言

以德服人者，心悦诚服

【老人言解析】

以良好的德行去使人佩服，这才是真正地让人从心中敬佩。想要服人不能仅靠力量，而应该用自身的德行和魅力去征服。

【人生应用：以力服人，力不赡也。】

服人的要点，在于能以理服人，以德服人，以宽服人。天下的事，都离不一个理字。在人类社会这个大千世界中，有不少的人虽身份尊贵，却犹如孤家寡人，甚至是众叛亲离。有许多人即使身无立锥之地，也能使人心悦诚服，而争相跟随他，这里面自然有方法。圣人的千言万语，都是在教人明白道理。明理就能明事，明事就自然没有怨恨存在心中。

蜀国后主刘禅继位后，孟获等人于南中发动叛乱，诸葛亮亲自带兵前去征讨。孟获是南中的酋长，他英勇善战，为人侠义，在南中很有威望，他听说蜀兵南下，就提兵迎战。可是没有几个回合，孟获就被蜀军擒获。

孟获被押至帐中，诸葛亮问道："现在你被我活捉了，你可心服？"孟获说："我是因为山路狭陡才被捉住的，怎么能服呢？"诸葛亮道："你既然不服，我放你回去如何？"孟获答得倒也干脆："你要是放了我，我重整兵马，和你决一雌雄，那时再当了俘虏，我就服了。"诸葛亮立即让人给孟获解开了绑绳，酒肉招待以后，将他放出了营帐。

孟获回寨以后，开始重整军马，准备再战。他手下的两个洞主曾被俘虏后放回，这次孟获派他俩迎战，但他们又打了败仗。孟获说他俩是故意用败阵来报答诸葛亮，把他们痛打了100军棍。这两人一怒之下，带了100多个放回来的南兵，冲进孟获的营帐，把喝醉了的孟获牢牢绑住，献给了诸葛亮。

帐内诸葛亮笑着对孟获说："你曾经说过，再当俘虏就服了，现在还有什么话说？"孟获却振振有词地道："这不是你的能耐，是我手下人自相残杀，怎么能让我心服呢？"诸葛亮没有怪罪孟获的出尔反尔，而是胸有成竹地说："好吧！那我再放你一次。"

孟获回到本寨，对弟弟孟优说："我已经知道了蜀营的虚实，现在可以一举打垮蜀军了！"两人当下定了一个计谋。次日晚，孟获把兵分为三队，前来劫寨，他原以为诸葛亮没有防备，又有孟优作内应，肯定可以活捉诸葛亮。谁知这早就在诸葛亮的意料之中，孟获再次陷入诸葛亮的圈套，第三次当了俘虏。诸葛亮笑着对他说："这回服了吗？"孟获仍然不服地说："这次是因为我弟弟贪杯误了我的大事，怎能心服。"诸葛亮说："那就再放你回去！"说罢，把孟获兄弟连同所有的兵将全部放回。

诸葛亮统领大军，渡过泸水，在河南岸建起大营，等待南兵。果然，孟获带兵气势汹汹地杀来。诸葛亮见南兵狂恶气盛，下令回营坚守，不准出战；同时派人绕到孟获后方。几天后，诸葛亮设计第四次擒获了孟获。

这次诸葛亮一反往常，生气地说："你这回又被我活捉了，还有什么话说？"孟获说："我是误中你的奸计，死也不服！"诸葛亮大声喝令："砍头！"刀斧手推出孟获，孟获满脸气愤，毫不害怕，还回过头来说："你要是敢再放我一回，我一定能报四次失败之仇！"诸葛亮哈哈大笑，命令刀斧手解绑，就在帐中用酒食招待，然后把孟获放了。

孟获正准备拼死一战，却听到部下来报说相邻洞主杨锋正带领3万兵马来助战。孟获高兴地把杨锋等人请入，备酒款待，结果只听杨

31

锋大喝一声，让人将孟获等人捉住。原来，杨锋和儿子们也被诸葛亮捉过，他们很感谢诸葛亮的活命之恩，便设计擒住孟获，献给了诸葛亮。

这次诸葛亮再次问道："这是第五次被捉，这回你心服了吧？"孟获说："这不是你的本事，只要你放了我，我回到祖居的银坑山，你要是在那里捉住我，我们子子孙孙一定心服！"诸葛亮像过去一样，又把孟获放了。

孟获连夜奔回银坑山，召集了本宗族的1000多人，就让自己的妻弟率众把他绑送蜀营，说是妻弟劝孟获，孟获不听，被捉来献给丞相。

诸葛亮等他们进帐后，一声令下，两人捉一个，全部拿下，然后一一搜身，果然人人都贴身藏着武器，想伺机行动。诸葛亮问孟获："你这回可是在家被捉，该心服了吧？"孟获说："这是我自己来送死，当然不服。"诸葛亮说："我捉了你六次，还是不服。你想让我擒你几次呀？"孟获说："七次！要是七次被擒，我才倾心归服。"诸葛亮道："下次再被擒住，若再狡赖，必不轻饶。"孟获等人抱头鼠窜而去。

孟获家破兵败，只得向邻近的乌戈洞主借藤甲兵。结果被诸葛亮一场火攻，把油浸的藤甲烧了个精光，孟获第七次当了俘虏。

这回诸葛亮也不和孟获说话，只是给他解了绑，送到邻帐饮酒压惊，然后派人对孟获说："丞相不好意思见你了，让我放你回去，准备再战。"孟获听了这话，双眼流泪，对左右说："七擒七纵，自古未有，我要是再不感谢丞相的恩德，可就太没有羞耻心了。"

这就是著名的七擒孟获的故事，其实诸葛亮有很多方法让孟获归顺，但是要孟获归顺就必须让孟获心服，而人是有感情的，人的一切行为动力都受感情支配，获取人们感情、使人服从的唯一方法，就在于尊敬他、器重他、同情他、帮助他、爱护他。最终诸葛亮凭借宽广的胸怀和惜才之心将孟获收服了。在现实生活中其实同样如此，我们若想要人佩服，使人服气，就不能仅仅依靠外在的力量和谋略，而要让对方看到我们的心胸和品德，只有这样，对方才能够真正地心服口服。

【生活悟语】

凭借外力击败他人常常会使人心有不忿，若想让对方真正承认失败，那么就需要展示出自身内在的德行，这样才能够让对方知晓我们的真实能力，最终心中佩服。

老人言

不图便宜不上当，贪图便宜吃大亏

【老人言解析】

不贪图小便宜就不会轻易上当，若极力争取某些小小的利益好处，有可能就会遭到重大的损失。这句老人言告诉人们不要贪图小便宜，小便宜好占，但是容易吃亏上当。

【人生应用：控制自身欲望，别太过贪得无厌。】

人都有欲望，是因为人有需求。然而就需求而言，人需要吃饭，所以会思考如何获取食物；人需要愉悦身心，便希求五彩的美色和美妙的音乐；人需要消除劳顿，便总是想着如何使自己安逸舒适。这些欲求，都是出自人的天性的需要。而且，从某种意义上说，也正是这些根于人的天性需求和欲望，推动人类用自己的创造打扮了自己的生活和这个世界，使世界一天天变得美好。譬如由我们的食欲，创出了灿烂的中华饮食文化。人的欲望既是出自人的天性，就不能没有，但是一定不能放纵自己的欲望，否则就会变得贪得无厌、欲壑难填。

1799 年，乾隆皇帝刚刚驾崩，他的儿子嘉庆皇帝就一举铲除了乾隆的宠臣大学士和珅。诏书宣布了和珅的 20 条大罪恶状，同时下令对和珅罢官抄家。从和珅家抄出来的财产清单计有：赤金 580 万两，生沙金 200 万两，元宝银 940 万两，当铺 75 座，银号 42 座，土地 8000 余顷，花园 1 处，亭台 64 所，房屋近 2700 间。此外仅衣服就有：貂皮的 1502 件，杂皮的 1243 件，其他衣服 5316 件。整个家产折合白银

8亿多两！乾隆年间，政府每年收入总数是7000万两，算起来还不到和珅家产的十分之一。

所以当时社会上流传着这样的民谣："和珅跌倒，嘉庆吃饱"。据说处理这些被抄没的财产，其中一部分赏赐给有功的亲信大臣，绝大部分被嘉庆皇帝据为己有。当时曾有位大臣建议要公布和珅家产的处理使用情况，嘉庆听到后生气地说："看你敢追查一下试试？今后大小朝臣就不要再提这笔家财了。"满朝文武只得噤若寒蝉。

和珅姓钮祜禄氏，字致斋，满洲正红旗人。他是以满族官学生的身份，靠袭世职当上清朝三等侍卫的。在充当御前侍卫的时候，和珅巧于钻营，善于抓住每一个机会，在皇帝面前表现自己，随着乾隆的常识，平步青云，官越做越大，贪念也越来越大。

和珅大权在握以后，就公开贪赃受贿。无论满汉大臣，想保禄位，想飞黄腾达，或者想消除牢狱之灾、杀身之祸，无不走和珅的门路，付以重金。和珅除了受贿，还趁自己掌管国家财政收入和保管国库之便，明拿暗偷。全国各地进贡给皇帝的珍宝古玩，他可以先挑自己中意的，剩下的才送进皇宫。

1799年2月7日，89岁的乾隆驾崩。同月，嘉庆皇帝下令对和珅罢官抄家，关入死牢，并下了勒令上吊自杀的上谕。就这样，一代贪官就这样结束了罪恶的人生。

不图便宜不上当，贪图便宜吃大亏。其实在现实中这类例子不胜枚举。某大学青年讲师，因多次抄袭国外学术论文影响败坏，终于受到学校留用察看、取消申报高级教师资格、调离教师岗位的严厉处分。他由一个勤奋向上的知识分子堕落成科学骗子，原因就是急于成名。当初因为晋升，他大胆逐字逐句抄袭外国著名杂志上的一篇论文，只改换了一个题目，寄至另一国际大刊物，竟然被采用了。他初尝甜头，后便屡屡作案，骗取某些不知情的学术界前辈大家的赞誉。但是有一天，他的伎俩终于被某位科学家拽了出来，丑行败露。随后，相关杂志也发表文章指责其窃贼丑行。此人在申报国家自然科学基金时，竟

老人言

赫然填写自己在国外发表论文20多篇,其中,3篇纯属抄袭,19篇根本就是子虚乌有。事发后,工作单位查实发现,他在图书馆中曾撕走45000多页资料据为己有,使230多部中外文书籍期刊报废。有人计算,他撕去的这些资料可铺满6个篮球场。事后此人忏悔,这一切,都是因为自己强烈的功利主义和名利欲望作祟,而且不顾后果、不择手段,以至跌入深渊。

由此可见,功名利禄的诱惑力是多么巨大。其实,这种人在获得虚荣时,人前卖弄夸耀,人后却时时受到良心的谴责,生怕东窗事发,度日如年。这就是贪图便宜的下场,因此人不能放纵自己的欲望,人对外物的追求应该是与人的需要相统一的,不应过分放纵欲望。

【生活悟语】

人心不足蛇吞象,贪心过大,必然会因为被欲望支配而步入无尽的深渊。因此,一定要控制自己的欲望——要记得该是你的才是你的,不该是你的不要强拿。

第2章

品德修养：
丰富精神世界，完善道德品质

人要忠心，火要空心

【老人言解析】

这句话是说做人就需要踏踏实实，不虚妄、不浮躁，不能骄傲自大，也不能妄自菲薄，只有诚实做人，实在做事，才能够受人欢迎；烧火时木柴要架空，保持空气流通，这样才能氧气充足，火势才能烧旺。

【人生应用：脚踏实地，方能得人信服。】

巴金原名李尧棠，是20世纪中国杰出的文学大师，他原本是四川一个封建大家庭的四少爷，"人要忠心，火要空心"这句话就是当时一位轿夫送给青年巴金的一句话，而这句话也一直伴随着巴金走上了文学道路，并完成了自己的人生之旅。

在一个古老的村庄里，有一个叫小明的孩子。小明生性机灵，但也有些调皮捣蛋。

有一年冬天，天气格外寒冷，家里需要生火取暖。小明自告奋勇地承担起烧火的任务。他把木柴一股脑地塞进炉灶，结果火不但没烧旺，反而冒出了滚滚浓烟。

正当小明不知所措时，村里的一位老木匠走了过来，看着小明着急的样子，笑着说："孩子，火要空心啊。"说着，他拿起火钳，将木柴重新摆弄，中间留出了空隙。不一会儿，火苗就欢快地跳跃起来。

小明瞪大了眼睛，好奇地问："爷爷，这是为啥呀？"老木匠摸了

老人言

摸小明的头说："这就像做人一样，人要忠心。只有心正了，人才能立得住；火中间有了空，才能烧得旺。"

小明似懂非懂地点点头。

随着小明渐渐长大，他一直记着老木匠的话。后来，小明去城里学手艺。他的师傅手艺精湛，但脾气古怪，不少学徒都半途而废。可小明始终忠心耿耿地跟着师傅，认真学习，从无怨言。

多年后，小明学成归来，成了村里手艺最好的工匠。他不仅技艺高超，而且为人忠厚老实，大家都愿意找他帮忙。

每当有人夸赞小明时，他总会想起那个寒冷的冬天，想起老木匠的教诲："人要忠心，火要空心。"

"人要忠心，火要空心"这句老话看似平常，却蕴含着深刻的人生哲理。因此，巴金一直把它作为自己的座右铭，靠着它，他学会了怎样为人处世，怎样做学问、干事业，从而获得了成功，成为一代文学巨匠，铸就了一生的辉煌。

老人言总是让人越品越有味道，曾经有一位年过古稀的老人讲过这样一个故事：我的老家在湖北的一个小湖边，祖辈都是半农半渔的湖边人，我的母亲是个地道的农家妇女，并不识字，最终去世也没有留给我半点遗产，但是她却为我留下了一笔终身受用的精神财富，我一直记得她的一句话："人要忠心，火要空心。"

在我们那里，做饭烧水都是只烧稻草、麦草或野草绞成的"把子"。阴雨、返潮的日子，这些"把子"烧起来常常是只冒青烟不着火，不会烧火的即使用火钳、吹火筒，又拨又吹，还是烧不好。

我小时候喜欢冬天坐到灶前烧火，可火总也烧不旺，常常被烟熏得流泪。每当这时，母亲就用火钳三拨两捅，火苗就烧旺了。母亲对我说："人要忠心，火要空心。做人要实在，一颗实心才能换得人心；而烧火要把火心捅空，空心火才会旺。"

小时候并不理解"人要忠心"的意思，然而母亲的行为却教会了我：附近村子有婚丧嫁娶要做针线活的，常常会把布料送到我家，母亲就用大门板搭成工作台，开始裁剪并飞针走线。当干完了活，还会把布头包好交给主人，连一小块布也不剩。那时候孩子们都喜欢玩抛球的游戏，那球叫"绣球"，是用碎布做的。有一回，我让母亲用做活剩的布头给我缝一只绣球，母亲却说："人家的布不能用，为人要忠心，得还给人家。"那时我才明白，忠心就是诚实、实在。

几十年了，"人要忠心，火要空心"这句话始终回响在我耳边。这是一笔无价的财富，无论什么时候，都是修身格言。

其实人的处世之道，就反映了我们的思维方式和品德修养，在日常生活中的老人言中，就时常有我们需要学习和检讨的道理。

【生活悟语】

烧火须通气，做人须真诚，实实在在对人，方能问心无愧——用忠心换真心，表里如一得人情。

老人言

一天一根线，十年积成缎

【老人言解析】

荀子在《劝学》中说："不积跬步，无以至千里；不积小流，无以成江海。"自古以来，中国人就以勤俭节约教导后人，要注意节约，即使每天省下一根不起眼的线，十年积累下来，这些线也能够编织成缎，成为一笔财富。

【人生应用：勤俭节约，积少成多。】

"一天一根线，十年积成缎"这句老人言的背后记录着很多发生在我们身边的生动、朴实、感人的故事。

在20世纪七八十年代的农村，有一个叫李家庄的村子，村里有户人家姓王。王家夫妇勤劳朴实，育有一双儿女，日子虽不富裕，但也过得和和美美。

王家的女主人王婶，是个勤俭节约的能手。那时候，农村的生活条件艰苦，物资匮乏。王婶总是想方设法节省每一分钱。

每天清晨，王婶都会早早起床，去村外的小河边洗衣服。为了节省肥皂，她总是先把衣服浸泡在水里，用棒槌敲打，尽量去除污渍，然后再用少量的肥皂搓洗。

家里的饭菜，王婶也从不浪费。哪怕是一点剩菜剩饭，她都会留着下一顿热一热继续吃。孩子们偶尔抱怨饭菜不新鲜，王婶就会教育他们："粮食来之不易，不能浪费。"

王婶还会把家里破旧的衣物收集起来，缝缝补补，改做成鞋垫或者抹布。孩子们穿小的衣服，她也会改一改，给更小的孩子穿。

就连种地，王婶也是精打细算。每次播种，她都会仔细计算种子的用量，确保不浪费一颗。施肥的时候，她也会根据土地的肥力，合理调配肥料，不多用一点。

就这样，一年又一年，王婶靠着勤俭节约，一点一点地积攒着。慢慢地，家里有了一些积蓄。王婶用这些钱买了几只小猪崽，精心饲养。小猪长大后卖了个好价钱，家里的经济状况逐渐改善。

后来，王家盖起了新房，孩子们也都能上学读书。这一切，都离不开王婶多年来勤俭节约的好习惯。

在那个艰苦的年代，王婶用自己的行动诠释了"勤俭节约，积少成多"的道理，也为一家人创造了更好的生活。

生活在并不缺少物资的现代社会的我们，没有穿过带补丁的衣裳，没有经历过吃不饱的生活，前人给我们创建了和平充裕的生活环境，这句老人言应该被我们继续发扬。

随着岁月无声的脚步迈过历史的书卷，如今，我们徘徊在高楼林立的都市之中，车水马龙，灯红酒绿，繁华拥抱着我们，只有在长辈教育儿孙的时候，才会听到他们嘴里念叨着往日的教导："一天一根线，十年积成缎。"

如今城市化进程不断加快，城市人口日益增长，而农村常住人口逐年减少。但我们永远都不应该忘记勤俭节约。

诸葛亮在《诫子书》中说："静以修身，俭以养德。"历览前贤国与家，成由勤俭败由奢。历史和现实都表明，一个没有艰苦奋斗、勤俭节约精神作支撑的民族和家庭，都难以自立自强。因此，我们不论身处何时或何种条件下，一定要将"一天一根线，十年积成缎"这句话牢牢记在心里，时时告诫自己，勤俭持家，不忘节约。

老人言

【生活悟语】

由俭入奢易,由奢入俭难。不要浪费自己辛苦得来的劳动成果,请时刻牢记——一粥一饭,当思来处不易;半丝半缕,恒念物力维艰。

善门难开，善门难闭

【老人言解析】

"善门"原意是做善事，如今泛指答应别人的事情。"善门难开"指的是一旦行善助人，如果很多人前来求助或对方事事求助，就会不好拒绝；"善门难闭"则指当开始行善助人时，就不应再半途而废。现如今这句老人言是告诫我们，做人要乐于助人，但是不可善心泛滥，无法收拾。如果开始帮助他人，就要帮助到底，不可不了了之。

【人生应用：乐善好施，却不要同情心泛滥。】

在生活的舞台上，善良是一道温暖的阳光，乐善好施是一种令人敬仰的品德。然而，我们在展现善良的同时，也要把握好分寸，避免同情心泛滥。

曾有这样一个故事。在一个小镇上，有一位善良且富有的商人老张。他以乐善好施闻名，经常帮助那些生活困难的人。有一天，一个年轻人小李来到老张的店铺，哭诉自己的悲惨遭遇，说自己失去了工作，房租也交不起，即将流落街头。老张心生怜悯，不仅给了他一笔钱让他交房租，还在自己的店里给他安排了一份工作。

起初，小李工作还算认真负责，老张也感到欣慰。然而，随着时间的推移，小李开始变得懒惰，经常找各种借口请假，工作也频繁出错。老张念及他之前的困境，一次次地宽容他，给他改正的机会。

但小李不仅没有悔改，反而变本加厉。他开始编造更多的悲惨故事，向老张索要更多的钱。老张的同情心再次作祟，每次都满足了他的要求。

直到有一天，老张发现小李拿着他给的钱去赌博，这才如梦初醒。他意识到自己的过度同情不仅没有帮助到小李，反而让他变得更加堕落和贪婪。

老张的故事告诉我们，乐善好施是好事，但如果同情心泛滥，失去了原则和底线，很可能会适得其反。

在我们周围，也不乏这样的例子。比如一些街头行乞的人，其中确实有一部分是真正需要帮助的，但也有一些是职业乞丐，他们利用人们的同情心骗取钱财。如果我们不加以分辨，盲目地施舍，不仅会助长不良风气，还可能让真正需要帮助的人得不到应有的关注和帮助。

当然，这并不是说我们要变得冷漠和无情，而是要学会理性地判断和选择。当我们遇到真正需要帮助的人时，比如那些因突发疾病或灾难而陷入困境的人，我们应该毫不犹豫地伸出援手，给予他们物质上的帮助和精神上的支持。但对于那些故意装可怜、利用别人的同情心来谋取私利的人，我们要坚决说"不"。

乐善好施是一种美德，它让世界变得更加美好；但同情心泛滥则可能让善良失去方向，甚至被别有用心的人利用。所以，让我们在做人的道路上，保持一颗善良的心，同时也要用智慧和理性去引导我们的善举，让善良发挥出最大的价值。

总之，做人要乐善好施，但一定要把握好度，不要让同情心泛滥，让我们的善良真正成为照亮他人生活的明灯，而不是被滥用的工具。

【生活悟语】

乐于助人并不过时，只要我们能够问心无愧，有始有终，自然能够让自己在他人心中占有一席之地。

懒人嘴里明天多

【老人言解析】

懒惰是所有人都要面对的难题，它会瓦解人的意志和精神，使人无心努力与拼搏。懒惰的人总会推脱事情，在他们的眼里，明天才是做事的时候。"懒人嘴里明天多"这句话就是告诉我们，只有懒惰的人才会说以后有的是时间。若我们想能够有所成就，就必须要做到今日事今日毕，今日想今日行，这样才能够不断进步。

【人生应用：明日复明日，明日何其多。我生待明日，万事成蹉跎。】

在偷懒方面，最具典型、最有代表性的是一种动物——寒号虫。寒号虫又名鹖鴠、寒号鸟。晋朝的郭璞认为这种鸟夏天毛盛，冬天裸体，昼夜鸣叫，所以又称"寒号"。明朝的陶宗仪在《辍耕录》及徐树丕在《识小录》中也有记载："五台山有鸟，名寒号虫。四足，肉翅，不能飞，其粪即五灵脂也（五灵脂乃中药名）。当盛暑时，文采绚烂，乃自鸣曰：'凤凰不如我。'比至深冬严寒之际，毛尽脱落，索然如鷇雏，遂自鸣曰：'得过且过。'"

小时候亦曾听过有关寒号虫的故事，虽然和古文中的版本有所差异，但是胜在生动许多，而这也正是"懒人嘴里明天多"的来源。寒号虫，夏天毛会很茂盛，这时它就会自我夸奖说："连凤凰的毛发都不及我的！"而到了冬天掉光了毛，寒号虫夜里就会被冻得浑身打战，

老人言

嘴里不停地吸着冷气，边打冷战边念叨："哎哟，冷死我了，等到了明天一定垒个窝！"然而第二天太阳出来后，寒号虫就会躲在避风的地方，晒着暖乎乎的太阳，嘴里道："得过且过就好，太阳晒着的窝最暖和！"到了晚上还是如此，冷了说明天垒窝，在白天太阳出来后就又会懒洋洋地躲在避风处晒太阳。这就是"得过且过"的懒汉哲学，这也是对那些拿明天说事的人的绝妙讽刺！

明日复明日，明日何其多。对于懒人而言，"明日"是他们最常挂在嘴边的借口。他们总是寄希望于未来，幻想着明天会有更多的时间、更好的机会，却在当下无所作为。懒人们缺乏行动力和决心，他们害怕面对困难，逃避当下的责任。今天的任务拖延到明天，明天的又推到后天，日复一日，一事无成。明日只是他们自我安慰的幻影，在无尽的等待中，时光悄然流逝，机会也随之溜走。

真正的成功源于当下的努力和积累。一个人，只有摒弃"明日多"的幻想，脚踏实地地做好今天的事，才能离目标越来越近。

相传刘伯温所作的《传家宝》中亦有言曰："一年只望一春，一日只望早晨。有事莫推明早，今日就想就行。明日恐防下雨，又推后日天晴。天晴又有别事，此事却做不成。夏天又怕暑热，冬寒又怕出门。为人怕寒怕热，如何发达成人。请看天上日月，昼夜不得留停。"从这里可以看出，明天还有明天的事，今天不完成这些事，明天之后又推后天，何时才能做好？其实这句老话时常出现在我们的耳边，我们所要做的就是要将这句话牢记，别懒懒的，无所事事，而要勤奋一些，凡事赶早不赶晚。

今日事，今日毕，及时完成才能从容不迫。很多人喜欢制订计划，但是有时候却无法按时完成，从而将当天要做的事情推到第二天去做，还在心里安慰自己，还有明天呢！可不曾想，每天都有每天的计划，如果今天的事情被拖到明天，那工作岂不是永远也无法做完？

张海迪是著名的作家。5岁时，她因患脊髓血管瘤，造成了高位截瘫，成了残疾儿童。每当看到窗外上学的小孩，张海迪心里就非常羡慕，因为她也想上学。虽然张海迪不能去学校读书，但她的爸爸妈妈却利用下班的时间亲自教她，这让她很高兴。

因为张海迪高位截瘫，所以有时，她学习起来会感到身体疼痛和疲倦，连作业都无法完成，她就对妈妈说："妈妈，这些作业明天再做，行吗？"妈妈却郑重地告诉她说："懒人嘴里明天多，今日事就要今日毕。"听了妈妈的话，张海迪明白了，她要和学校里的其他孩子一样完成作业，不能拖拉。她还给自己立了计划，要是不完成当天的作业就不睡觉。

就这样，她把小学、中学的课程全部学完了，还自学了英语、日语、德语等，并攻读了大学本科和硕士研究生的课程。后来她还写成了《向天空敞开窗口》《生命的追问》《轮椅上的梦》等书籍。

时间对于每个人都是公平的，我们要想不断进步、获得更高的成就，就不能只是幻想和计划美好的未来，而应该脚踏实地，一步步把每一天的事情做好，不去推脱，不找借口。

【生活悟语】

别总找借口推脱事务，时间是挤出来的，勤奋一些，事情方能及时完成——别用明天珍贵的时间为今天的琐事买单。

老人言

刻薄不赚钱，忠厚不折本

【老人言解析】

　　这句话说的是生意与人的品德，其实做生意与做人是一个道理。做生意、做人都不能太刻薄、太计较。做生意太刻薄了，顾客就不会光顾，就无法赚到钱；如果做人太刻薄，就会失去朋友。而相反，做生意的人如果忠厚老实，从不欺骗顾客，从不缺斤少两，信誉好，那么，顾客会越来越多，生意就会兴隆，就不会赔本；做人如果能够忠厚，就能够交到更多的真心朋友。

【人生应用：忠厚诚实得人信任，刻薄计较众人远之。】

　　可能有人认为忠厚了就会吃亏。其实，一个人如果失去了忠厚诚实的本分，那么他会失去别人的信任，会令人对其"敬而远之"，做生意也会举步维艰。

　　古代的秤是十六两一斤，因此也有半斤八两之说。某个县城南街开着两家米店，一家叫"永盛"，另一家叫"裕丰"。裕丰米店的老掌柜眼看兵荒马乱生意不好做，就想出个多赚钱的主意。这一天，他把星秤师傅请到家里，避开众人，对星秤师傅说："麻烦师傅给星一杆十五两半一斤的秤，我多加一串钱。"

　　星秤师傅为了多得一串钱，就忘掉了行德，满口答应下来。老掌柜吩咐完毕，留下星秤师傅在院里星秤，自己就踱进米店料理生意去了。

　　米店老掌柜有四个儿子，都帮他料理米店。最小的儿子在两个月前刚娶了一个塾师的女儿为妻。当时她正在屋里做针线，老掌柜吩咐星秤师傅的话不巧被她听到了。在老掌柜离开后，新媳妇沉思了一会儿，便走出新房找到星秤师傅说："俺爹年纪大了，有些糊涂，刚才一定是把话讲错了。请师傅星一杆十六两半一斤的秤，我再送您两串钱。不过，千万不能让俺爹知道。"星秤师傅为了再多得两串钱，就满口答应了。一杆十六两半一斤的秤很快就制成了，星秤师傅果真没把秤的变化告诉老掌柜。而老掌柜曾多次请他星秤，对他的手艺也信得过，当天就把新秤拿到米店使用了。

一段时间后，裕丰米店的生意越来越兴旺，连永盛米店的老主顾也纷纷转到裕丰来买米了。又过了一段时间，县城东街、西街的人也舍近求远，穿街走巷来裕丰买米，而斜对门的永盛米店却门可罗雀。

到了年底，裕丰米店发了财，永盛米店却没法开张了，遂把米店转给了裕丰。这年年三十晚上，一家人围在一起吃饺子。老掌柜心里高兴，出了个题目让大家猜，看谁猜得出自家发财的奥秘。大家七嘴八舌，有说老天爷保佑的，有说老掌柜管理有方的，有说米店位置好的，也有说是全家人齐心合力的。老掌柜嘿嘿一笑，说："你们说的都不对。咱靠啥发的财？是靠咱的秤！咱的秤十五两半一斤，每卖一斤米，就少付半两，每天卖几百几千斤，就多赚几百几千个钱，日积月累，咱就发财了。"

接着，他把年初多掏一串钱星十五两半一斤秤的经过讲了一遍。儿孙们一听，都惊讶得忘了吃饺子。惊讶过后，大家都说他不显山不露水的，连自家人都没察觉，就把钱赚了，老人家实在高明。老掌柜高兴极了，把胡子捋了一遍又一遍。这时，小儿媳妇却从座位上慢慢站起来，对老掌柜说："我有一件事要告诉爹，在没告诉爹以前，希望您老人家答应原谅我的过失。"待老掌柜点头后，新媳妇不慌不忙，把年初多掏两串钱星十六两半一斤秤的经过讲给大家听。她说："爹说得对，咱是靠秤发的财。咱的秤每斤多半两，顾客就知道咱做买卖实在，就愿买咱的米，咱的生意就兴旺。尽管每一斤米少获了一点利，可卖的多了获利就大了。咱是靠忠厚诚实发的财呀！"

老人言

大家更是一阵惊讶，一个个张大了嘴巴。老掌柜不相信这是真的，拿来每日卖米的秤一校，果然每斤十六两半。老掌柜呆住了，一句话也说不出，慢慢地走进自己的卧室。第二天吃过年初一早饭，老掌柜把全家人召集到一块儿，从腰里解下账房钥匙说："我老了，不中用了。刻薄不赚钱，忠厚不折本啊。我昨晚琢磨了一夜，决定从今天起，把掌柜让给老四媳妇，往后，咱都听她的！"

其实人生路上，众人就是秤，半两之差，心如明镜。做生意，讲究诚实厚道，做人岂不如此？虽然每斤米吃了半两的亏，但却赢得了全城顾客的心，赢得了米店的生意兴隆。谁说诚实忠厚不赚钱？

一个少年放假时在父亲的家具店里帮忙。一天进来一个老妇人，说她以前在店里买了一张沙发，现在它的腿掉了，能不能去帮助修理一下。少年问她什么时候买的，她说有十年了。少年听后便跟父亲说："这老妇人显然是想白让我们给她修沙发。"可是父亲却让他告诉老妇人，自己下午就去。父子俩下午果然去帮助老妇人把沙发修好了，回家的路上，少年一声不吭。父亲看出儿子不高兴，就问："你怎么了，为什么不高兴？"儿子说："你心里明白，我想上大学，可是如果就这样整天白给人干活，拿什么钱交学费呢？"父亲却说："你不能那么想，第一，你要尊重客户；第二，你多干些活对你也是个锻炼，有好处。你还没注意一个细节，沙发后边有个标签，那根本就不是咱家的产品，她也不是咱家的顾客。但是你要记住刻薄不赚钱，忠厚不折本。"几天过去了，老妇人再次光临，这次她从店里买走了上万元的家具。少年后来长大了，在生意上做得非常成功。当别人问他成功的原因时，他就会说："刻薄不赚钱，忠厚不折本。"随后还会讲之前那段经历，因为这是使他受益终身的一段经历。

【生活悟语】

人生如秤，不管做人还是从商都是如此，到底孰轻孰重，众人一称便知——刻薄惹人厌恶，忠厚讨人喜欢。

不怕百战失利，就怕灰心丧气

【老人言解析】

英国著名作家毛姆曾说过："一经打击就灰心泄气的人，永远是个失败者。"任何人都会遭遇到失败，但是失败并不可怕，因为失败乃成功之母。失败了我们可以从中吸取教训提升自己，从而为以后的成功做准备，怕的就是经历失败就灰心丧气，因为一旦放弃，那么失败就会永远成为失败。

【人生应用：失败不是错误，放弃才是对自己的侮辱。】

很多人虽然年龄、能力、社会背景等方面都非常相似，但是取得的成就却截然不同，这主要的原因就是他们遭遇失利后的反应不同。失败者在被失败打倒后就会拒绝再爬起来，也因此怨天怨地一事无成；平庸者在被挫折击败后，会左顾右盼最终选择逃避，离开这个伤心之地，免受再次打击；而成功者在遭遇失败后却会马上站立起来，同时汲取宝贵经验和教训，重新审视自己后开始策马狂奔，最终冲过胜利的终点。

美国著名的电台广播员莎莉·拉斐尔在她的30年职业生涯中，曾遭18次辞退，可是每次她都放眼最高处，确定更远大的目标。最初由于美国的无线电台认为女性广播员不能吸引听众，没有一家肯雇用她。她好不容易在纽约一家电台谋到一份差事，不久又遭辞退，辞退她的理由是说她跟不上时代。莎莉并没有因此灰心丧气，她总结了失败的教训，又向国家广播公司电台推销她的清谈节目构想。电台勉强答应了，但提出要她在政治台主持节目。

她曾一度犹豫，因为她对政治所知不多，恐怕很难成功。但是转念一想，即使失败也仅是一次经历和尝试，于是她怀揣着坚定的信心开始大胆地去尝试。她对广播早已轻车熟路，于是她利用自己的长处和平易近人的作风，大谈7月4日美国国庆节对她自己有何意义。另外，她还邀请听众打电话来畅谈他们的感受。听众立刻对这个节目产生了兴趣，她也因此而一夜成名。如今，莎莉·拉斐尔已成为自办电视节目的主持人，曾两度获奖。在美国、加拿大每天有数百万观众收看这个节目。她说："我遭人辞退18次，本来有很大可能被这些遭遇所吓退，甘愿放弃，做不成我想做的事情。结果相反，我让它们鞭策我勇往直前。"

失败者常常感叹命运的不济，事实也确实如此。如今社会竞争激烈，想要在社会站稳脚跟，就必须有良好的心理素质，因为这个世界优胜劣汰。有时候一些人虽颇具实力，最终却不能在竞争中取胜，甚至一败涂地，究其原因，就是他们对竞争的心理准备不足，遭遇失败后灰心放弃所导致的。

有位外资企业的管理顾问，他的办公室里有各种豪华的摆设、考究的地毯，忙进忙出的员工告诉参观的人士，他的公司成就非凡。然而在这位管理顾问成功的背后，却藏着鲜为人知的辛酸史。他创业之初的前半年，将自己十年的积蓄和存款用得一干二净。因为付不起房租，一连几个月都以办公室为家。但是他并没有放弃，他坚持向自己的理想前进，甚至在这个过程中拒绝了几家跨国公司的高薪诚聘。他被顾客拒绝、冷落，但欢迎他、尊敬他的客户和拒绝、冷落他的客户几乎同样多。

他没有一句牢骚，没有一丝抱怨，也没有一点气馁。他反而对手下员工说："我还在学习之中！这是一种无形的、捉摸不定的生意，竞争很激烈，实在不好做，但不管怎样，我还是要继续学下去。"有一位员工看到他的老总清削但刚毅的面容，忍不住问："这几年来您感到过疲倦吗？"他却大笑着说："没有，我不觉得辛苦，反而认为这是受用无穷的经验。"其实任何成功者大都是平凡者出身，就是因为他们在遭受了无情打击后重新振作了起来，最终取得了辉煌的成就。

天底下没有不劳而获的果实，在拼搏过程中我们难免会遇到挫折和失败，如果我们能利用种种挫折与失败，不灰心不丧气，那么一定可以更上一层楼，最终取得成功。有些人遭受挫折后开始想要放弃，其实抱有这样的想法和态度是不可能成功的，因为放弃本身就是一种失败，放弃，代表你对挫折的恐惧，对成功的恐惧。

不要因挫折而变成一个恐惧的人，当你尽了最大的努力还没有成功时，不要放弃，只要开始另一个计划就可以了。希腊一位名叫戴莫森的演说家，在他出名前由于口吃，说话吐字不清晰而感到羞于见人。戴莫森的父亲留下一块土地，希望儿子富裕起来。然而，希腊当时有一条法律规定，某人在向社会公众声明土地所有权之前，首先要在公开的辩论中战胜所有人，否则，他的土地就会被没收，由政府公开拍卖。口吃加上性格内向，戴莫森在辩论赛中败北，失去了那块土地的所有权。经过这次事件，戴莫森深刻认识到，失败很难使人坚持下去，但只要改变方向不放弃追求，成功就很容易继续下去。从此他开始奋发努力，最终创造了希腊有史以来的演讲高潮。戴莫森成功了，他从此受到许多有同样口吃的老人、青年和孩子的崇拜。

拿破仑·希尔说，在放弃所控制的地方，是不可能取得任何有价值的成就的。现实社会是一个充满挑战与竞争的社会。有竞争，就必然会有失败。如果你因失败而失去信心，那么成功就会离你而去；如果你永远充满信心，即使失败了，也会顽强地爬起来，义无反顾地往前走，那么，成功就不再遥远。事实证明，在人生的棋局上能立于不败之地的人，就是那些失利后依然能正视现实，锐意进取的人。

【生活悟语】

没有人能够随随便便成功，只有那些扛住风雨、扛住打击的人，才能够拥有成功的权利——不经历风雨，怎么见彩虹！

老人言

帮助别人要忘记，别人帮己要记牢

【老人言解析】

　　如果真心去帮助别人，那么帮助过后就不要总记在心里，因为这件事情已经告一段落。而如果别人对我们有所帮助，那么就要时刻牢记，因为我们需要加倍报答对方。这句老人言就是告诉我们不要总想着自己，而应该时刻抱有一颗感恩的心。

【人生应用：受人滴水之恩，该当涌泉相报。】

　　曾经在"与成功者对话"的讲坛上，一位普通听众请教台上的企业家，一个人成功的秘诀是什么。企业家没有讲一番大道理，而是告诉在座的各位："保持一颗感恩的心。只要你对人、对事、对物保持一颗感恩的心，你一定会成功。"这段话赢得了阵阵掌声。

　　有这样一个故事，说的是对朋友的巴掌和帮助的不同处理方式。有两个人在海边行走，他们是很要好的朋友，在途中不知道什么原因，吵了一架，其中一个人打了另外一个人一巴掌。挨打的人很伤心，于是他就在沙滩上写道："今天我朋友打了我一巴掌。"写完后，他们开始继续行走。当他们来到一块沼泽地时，曾经挨打的人不小心踩到了沼泽里面，另一个人不惜一切拼了命地去救他，最后他得救了。他很高兴，于是拿了一块石头，在上面刻道："今天我朋友救了我一命！"他的朋友一头雾水，奇怪地问："为什么我打了你一巴掌，你把它写在沙滩上，而我救了你一命你却把它刻在石头上呢？"那个人笑了笑说：

"当别人对我有误会，或者有什么对我不好的事，就应该把它记在最容易遗忘、最容易消失不见的地方，由水来负责把它冲刷掉。而当朋友有恩于我，或者对我很好的话，就应该把它记在最不容易消失的地方，即使风吹雨打也忘不了。"

古人说："滴水之恩，当涌泉相报。"感恩，是我们民族的优良传统，也是一个正直的人的基本品德。事实上，我们也非常需要感恩。因为，父母对我们有养育之恩，老师对我们有教育之恩，领导对我们有知遇之恩，同事对我们有协助之恩，社会对我们有关爱之恩，军队对我们有保卫之恩，祖国对我们有呵护之恩……赠人玫瑰，手有余香，一个经常怀着感恩之心的人，心地坦荡，胸怀宽阔，会自觉自愿地给人以帮助，助人为乐。

有一个生活贫困的男孩为了积攒学费，挨家挨户地推销商品。傍晚时，他感到疲惫万分，饥饿难挨，而他的推销也很不顺利，以至于他有些绝望。这时，他敲开了一扇门，希望主人能给他一杯水。开门的是一位美丽的年轻女子，女子看到他疲惫不堪，便给了他一杯浓浓的热牛奶，令男孩感激万分。许多年后，男孩成了一位著名的外科大夫。而曾经给他恩惠的女子却得了很严重的病，当地的医生都束手无策，于是女子便被转到了这位著名的外科大夫所在的医院。这位外科大夫为妇女做完手术后，惊喜地发现这位妇女正是多年前在他饥寒交迫时，热情地给过他帮助的年轻女子，当年正是那杯热奶使他又鼓足了信心，完成了学业，最终取得了如今的成就。妇女病情缓解后，才想到这次手术费用一定很贵，可是当她鼓起勇气看手术费单时却惊喜地发现，上边只有一行字："手术费＝一杯牛奶。"

感恩不仅仅是为了报恩，因为有些恩泽是我们无法回报的，有些恩情更不是等量回报就能一笔还清的，唯有用纯真的心灵去感动、去铭记，才能真正对得起给予我们恩惠的人。感恩是一个人与生俱来的本性，也是一个人不可磨灭的良知，更是现代社会成功人士健康性格的表现。一个连感恩都不知晓的人，必定不会成为一个对社会做出贡

老人言

献的人。感恩，是一种对恩惠心存感激的表示，是每一位不忘他人恩情的人萦绕心间的情感。

在我们的现实生活中，很多人无法豁达地面对世事，总是从自己的观点去考虑问题，从而总去抱怨世界的种种不公，但是他们却忘记了，曾经给予过他们帮助的人或事。其实感恩是一种处世哲学，是生活中的大智慧。英国作家萨克雷曾说："生活就是一面镜子，你笑，它也笑；你哭，它也哭。"感恩不纯粹是一种心理安慰，也不是对现实的逃避，而是一种轻松生活的方式，它来自对生活的爱与希望。

拿破仑曾说："各位可知道，比命运的逆转更令人难堪的是什么吗？那是人类的卑劣和可憎的忘恩。"如果我们不懂得对所拥有的和曾经帮助过我们的人心存感激，那么，我们就很难获得更多我们想要的，即使我们得到了，那时也难以享受到真正的乐趣。

【生活悟语】

得道者多助，失道者寡助。若想在社会中夯实自己的基础，就要怀揣一颗感恩的心——时刻感恩，发现生活中的美丽。

饱谷穗头往下垂，瘪谷穗头朝天锥

【老人言解析】

每当秋收在望的时候，那些饱满的谷穗从来不迎风招展，反而把"头"垂得很低；而那些没有多少谷粒的谷穗则会挺得直直的，其实并没有真正的"内涵"。有真才实学的人，往往谦虚好学、谨慎谦恭，而没有真才实学的人则会自高自大、目中无人。

【人生应用：低调做事，谦恭做人。】

法国哲学家拉罗什福科曾说："如果你要得到仇人，就表现得比你的朋友优越吧；如果你要得到朋友，就要让你的朋友表现得比你优越。"在现实社会中有种人，他们虽然思路敏捷、口若悬河，但是一开口就会让人感觉到狂妄，因此很难让人接受他们的观点和建议。因为他们太过喜欢表现自己，总期望别人知道自己的能力，想处处展现自己的优越感，但是结果却适得其反。

每个人都期望获得别人的认可，都在不知不觉中维护自己的形象和尊严，但是如果在处世过程中过分显示出高人一等，太过目中无人，就会无形中对对方的自尊和自信进行挑战和轻视，这样对方的敌意和排斥就会无形中增加。若想要在社会中获得更多的朋友，我们就必须谦让而豁达，善于放下自己的架子，虔诚、恭敬地对待身边的每个人。因为当我们的朋友表现得比我们优越时，他们就有了一种重要人物的感觉。但是当我们表现得比他们还优越，他们就会产生一种自卑感，

老人言

形成羡慕、嫉妒的情绪。

达·芬奇说过:"微少的知识使人骄傲,丰富的知识使人谦虚。"如老人言所说,空心的谷穗高傲地举头向天,而充实的谷穗,则低头向着大地,谦恭地面对身边的一切。目空一切和妄自尊大的结果只能使自己的形象扭曲,在伤害别人的同时也伤害了自己。

杜泽是人事局调配科一位相当得人缘的骨干。其实说起来做人事调配工作应该是最得罪人的事,可他却是个例外,这归因于他所听到的那句老人言。在他刚到人事局的那段日子里,几乎连一个朋友都没有,可他对自己的机遇和才能非常自信,每天都和同事说他在工作中的成绩和自认为得意之事。然而同事们听了之后不仅没有人分享他的喜悦,而且还极不高兴。

后来是老父亲一语点破,老父亲告诉他:"饱谷穗头往下垂,瘪谷穗头朝天锥。"他这才意识到自己的错误。从此,他就很少谈自己的得意之事,而多听同事说话。因为他们也有很多自认为得意的事,让他们把自己的得意之事说出来,远比听别人夸夸其谈更令他们兴奋。后来,每当他有时间与同事闲聊的时候,他总是先请对方说,与其分享,仅仅在对方问他的时候,才谦虚地表露一下自己。就是他这种对自己轻描淡写,以低姿态出现在人们面前,才真正做到了融入其中,也正因为他学会了谦虚,所以才能受到更多人的欢迎。

有哲学家说:"傲慢始终与相当数量的愚蠢结伴而行。傲慢总是在即将破灭之时,及时出现。傲慢一现,谋事必败。"智者善屈尊,愚者强伸头。在社会中必要时要藏其锋芒,收其锐气,谦虚处世往往才能得到别人的信赖。因为谦虚,别人才不会认为你会对他构成威胁,才会赢得别人的尊重,从而建立和睦相处的人际关系。

富兰克林年轻时曾去拜访一位德高望重的老前辈。那时他年轻气盛,挺胸抬头迈着大步,一进门,他的头就狠狠地撞在门框上,疼得他一边不住地用手揉搓,一边看着比他的身高矮很多的门。出来迎接他的前辈看到他这副样子,笑笑说:"很痛吧!可是,这将是你今天访问我的最大收获。一个人要想平安无事地活在世上，就必须时刻记住该低头时就低头。这也是我要教你的事情。"

富兰克林从这一准则中受益终身。后来，他功勋卓越，成为一代伟人，他在他的一次谈话中说："这一启发帮了我的大忙。"

其实真正聪明的人总是谦逊和蔼的，因为只有这样，才有人愿意亲近你，行事才能得到更多帮助；而如果恃才自傲，就必然会使人敬而远之，最终成为孤家寡人，聪明反被聪明误。

【生活悟语】

山不解释自己的高度，并不影响它的耸立；海不解释自己的深度，并不影响它容纳百川——时刻警告自己：过盈则亏，过刚则断。

老人言

不怕人老，就怕心老

【老人言解析】

随着年龄不断增加，有些人就会无法保持好的身心状态。毕竟人生理上会老，但是身体老了并不可怕，可怕的是在心理上老了，让老化情绪笼罩自己的生活，那就会影响到自己的生活质量，甚至是身体素质。

【人生应用：身体老化不代表心态老化，保持年轻心态就能提升状态。】

说起"老"，常会有人想起"老态龙钟""风烛残年"等词，仿佛老就是衰败，就是凋零，就是不幸。其实，老并不仅仅是生理上的，更多是心理上的。在我们的生活中，"老当益壮""老将出马"等极具气魄的词举不胜举，这里的"老"其实是一种老化情绪，它是人对各种事物变化的一种特殊的精神反应。

有一位年轻人陷入了婚姻失败的打击中无法自拔，于是一天到晚长吁短叹。他的一个朋友意欲帮他一把，特意请他到家里做客。可是，无论朋友怎么开导他，他仍是无精打采，很显然他的心长满了皱纹，他的心境已经老了。朋友知道他善于对对联，便期望出联求对让他忘记苦恼，就故意指着桌上的两个菜出了一联："皆为蛋，一盘淡，一盘不淡。"不料年轻人却指着一对酒杯对了一句："同是杯，一只悲，一只不悲。"朋友听了，只好指指自己的鞋又出了一联："左右鞋，一只斜，一只不斜。"不料他叹口气对道："你我家，一个佳，一个不佳。"

年轻人的年龄其实还处在正当年，但是他却已经老了。后来的事实也恰恰证明了这个结论：才半年时间，他就满头白发，一如蹒跚老者了。

这样看来，年迈其实并不可怕，最可怕的是心境老了。老年人即使生理已经不再年轻，但是若拥有一个好的心境，同样可以锻炼出健康的体魄，从而让自己的精力充沛；而一个年轻人若没有好的心境，那么就会如那位婚姻失败的人一样，很快生理就会步入老龄化。

心老的标志，就是思想陈旧，不喜欢新鲜事物，难以适应生活中的变化。人怕老，其实怕的就是随着年老而来的各种不可避免的改变，如身体、经济和生活状态的变化莫测。近年来，积极心理学不断兴起，专门研究人的优势和美德。积极心理学学者发现，在人的种种积极的心理特质中，智慧是一种从中年开始出现，到老年才发展得比较成熟的品质。也就是说，一个人到达老年时，智慧才刚刚开始发挥作用，如果这时候我们还能够保持年轻旺盛的心态，那么必然能够获得非凡的成就。毕竟生理的老化，让我们经历了更多的事情，度过了许多的挫折。比如，一个人在三十多岁时经历了情感和工作两个主要生活领域的重大改变，那么定然有助于培养他的心理承受能力，而经过了这些挫折并最终成功面对和解决问题的人，就能够获得更多的智慧和经验。再如，那些经过大萧条时期困境并从困境中成长了的人，在十年后比那些没有经历过这些的人心理健康状态要好很多，也可以说他们的心理年龄要比和他们生理年龄同龄的人年轻很多。

所以，当生活发生变化的时候，我们不妨把它当成培养心理承受能力的好机会。让我们用一颗有弹性的心面对生活中的各种变化，准备好能够优雅地老去。

老人言

【生活悟语】

真正的人老必然心先老,心老者毫无斗志和锐气,提前暮气沉沉;但若人老心不老,必能睿智地面对人生,自在又逍遥。

宁做仗义汉，莫做贪心人

【老人言解析】

贪心人就是有利可图的事情就抢着干，而有危险的事情就畏缩不前；本属于大家的功劳他个人霸占，而大家的过失他会全力推卸自己的责任。而仗义汉则恰好相反，敢于承担过失，敢于挑起责任。这句老人言就是告诉大家别做那人人会恨的贪心人。

【人生应用：损己利人人敬佩，损人利己失人心。】

贪欲是众恶之本，人一旦贪欲膨胀，就会方寸大乱，而计算、谋虑一乱，欲望就会更加多。贪欲多，心术就不正，就会被贪欲所困，最终脱离事物本来之理去行事，就会导致把事做坏、做绝。所以，贪欲不忍，什么事情都会办不好。受贪欲的影响，总是奢望自己能够多占多得，不劳而获，稍不如人，便气恨不已，只见眼前的利益，有损人格不说，也同样会失掉长远的利益。

贪婪者最可鄙的地方不仅在于他的钻营谋利，更可恨的是他还想攫取别人的功劳，推脱自己的过失。这种人失去了为人的基本品质，一定会受到别人的唾弃和鄙视。在生活中，人们提倡好汉做事好汉当的作风。好汉其实就是仗义汉，指的是有胆识、有作为，并勇于承担责任的人。

楚国有一名叫季布的男子，以信义闻名全国。他不轻易允诺，一旦许诺，必定严守。因此楚地流行一句"得黄金百斤，不如得季布一诺"的话。季布与项羽同乡，盼望楚军打败汉军。后来，汉高祖刘邦战胜了项羽，他悬赏重金取季布首级，同时严令："藏匿季布者，杀其三族。"然而，季布却被濮阳周氏给藏了起来。之所以在这种情况下，还有人保全他，就是因为季布一直以来重信守义带来的结果。

《孟子·告子上》中说："鱼，我所欲也；熊掌，亦我所欲也。二者不可得兼，舍鱼而取熊掌者也。生，亦我所欲也；义，亦我所欲也。二者不可得兼，舍生而取义者也。"

人们都爱吃美味的食物，都爱穿美丽的衣服，这是人的本性。但是，一个人想要不同于其他人，只有将本性与努力互相结合，才能成为一个具备更强能力的人。

曾有一个管宁割席断交的故事：管宁、华歆本是一对好朋友，他们在一起学习，一起劳动，形影不离。有一天，二人在菜园中锄草，管宁从地下挖出一块金子，他却像没看见似的照旧挥动锄头，把金子当成瓦石一般不屑一顾，而华歆则把金子拾起来仔细端详了一会儿，然后才扔掉。回到房间后，二人同坐在一张席子上读书，窗外有人乘着漂亮的马车经过，管宁照旧读下去，华歆却放下了书出门观看。看见这些情形，管宁抽出刀子，把二人的座席割断了，说："你不是我的朋友！"从此他和华歆绝交了。

这个管宁割席断交的故事今天被人们理解为"义利之别"。义，体现着人的文化属性，也就是人可以控制和选择自己的行为，人可以通过自己的选择达到道德的完善；利，是指使人生活得更好或者能满足个人生存需求的物质条件。从社会的角度看，当然有公利和私利之分，但从安身立命的角度看，利总是对义的疏远和背叛。

子曰："富与贵，是人之所欲也；不以其道得之，不处也。贫与贱，是人之所恶也；不以其道得之，不去也。"人们都有追求富贵的欲望，但是对物质利益的追求应该有所节制，符合道义的就可以取，不符合道义去取就属于贪心。

女儿出嫁时，父亲告诉女儿："尽量多存私房钱吧！防止哪一天被休呀！"于是，女儿便在夫家大敛其财，不久事发，被赶了回来。这位父亲还不醒悟，反而因敛了一笔财产而沾沾自喜。就是因为其女取了超过道义的利益，因此才会被休，最终被赶了出来。

春秋时，晋献公欲借道虞国去伐虢国。荀息献计说："只要我们赠送虞公以垂棘之玉、屈地的名马，相信他会同意借道的。"这两地的玉和马都是享誉诸国的稀罕宝物，一开始献公还恋恋不舍。他说："垂棘之玉是祖先传下的宝贝，屈地之马是我不可多得的名马，倘若对方拿了我的两样宝贝而又不借道与我，将如何是好？""如果他不愿借道与我，就不会接受我们的东西；只要接受了，就肯定会借路。路借给我们，东西也就该归还原主了，请国君放心。""那就这么定吧。"于是，荀息为使者，赠玉和马与虞公请求借道。虞公见名玉和良马，心花怒放，便想接受。虞国重臣宫之奇听到此事，便进言劝止："此物万万不可接受，虞、虢两国犹如枝木与车轮关系相互依赖，一旦借道给晋，虢国亡国之日，恐怕即是虞国的末日了。"然而，虞公未能抵住贪念，不听宫之奇的劝诫。荀息伐虢，三年后发兵攻虞。虞大败而亡。宝玉和良马又回归旧主。因为虞公的利欲熏心最终造成了灭国的后果。

在如今的商品经济大潮中，到处充满了诱惑，也到处都有陷阱。所以一定要记得这句老人言："宁做仗义汉，莫做贪心人。"时时警诫自己，别因为贪欲而步入骗人的圈套，最终赔了夫人又折兵。

【生活悟语】

一定要对欲望进行控制，如果利欲熏心必然会损失惨重。时刻牢记，人的理性被贪心打败时，最终会因小利而吃大亏。只有走正途，才能安稳过一生。

老人言

宁可直中取，不可曲中求

【老人言解析】

宁可用正当的手段得到，不可用卑鄙的方式谋求。

为人处世要讲原则，要堂堂正正做人，要公平正直做事。

【人生应用：做人做事要讲原则。】

"志士不饮盗泉之水"这句话源自"孔子过于盗泉，渴矣而不饮，恶其名也"的典故。是说孔子路过"盗泉"时口很渴，但因为泉水的名字为"盗泉"，就忍着口渴，不喝泉水。孔子用自己的行为，言传身教做人的道理。正因为这样，一件生活中的小事，流芳千古，传为佳话。

在战争年代，讲原则就是一种气节，一种视死如归的精神。在中国历史上，这样的英雄很多，宋末元初的文天祥就是这样一位铮铮铁汉。

那时，文天祥力主抗元，可是宋元力量相差悬殊，不久宋军被元军打败，文天祥在海丰附近的五坡岭被俘。元将张弘范看见文天祥连忙上前相迎，文天祥转过身以脊背相对。张弘范说："文丞相，我敬佩你。古人说，识时务者为俊杰，只要你写一封信给张世杰，叫他投降，那么，你还可以当丞相。"

"无耻之尤！"文天祥一句话顶了回去。也正是王被押往北京的路上写下了"人生自古谁无死，留取丹心照汗青。"这样的千古名句。

元军灭南宋后，张弘范又向文天祥劝降说："现在宋朝已亡，你的责任尽到了。如果你投降元朝，仍然可以做丞相。"文天祥气愤地说："国家灭亡不能救，我怎能苟且偷生！"他决心以死报国。元朝皇帝忽必烈决定亲自劝降文天祥。见到忽必烈，文天祥不肯下跪，忽必烈的左右强行要他下跪，文天祥屹立不动，从容地说："宋朝已经灭亡了，我应当赶快死。"忽必烈劝诱说："你只要用对待宋朝的心来对待我，我就封你做丞相。"文天祥仍不理睬。忽必烈又说："你不愿做丞相，就请你做别的官，怎么样？"文天祥斩钉截铁地说："我只求一死！"文天祥的坚贞体现了"宁可直中取，不可曲中求"的道理。

在和平年代，由于地域、环境、文化层次、思维方式的不同，造成了人们所追求的目标和理想不尽相同。但是每个人心中都应该有一个正确的做人原则。树立一个正确的做人原则，是人的立身之本。如果丧失了正确的做人的原则，我们也就丧失了评判是非的标准，就会分不清敌我好坏、是非曲直，也就搞不清楚自己哪些事该做，哪些事不该做，一天到晚糊里糊涂，很容易走入歧途。因为人是具有社会属性的，时时事事都要受到社会公认的法律和道德等准则的约束，每个人都不可能凌驾于法律和道德之上。

最后需要说明的是，做人做事要有原则，但还应考虑到原则与发展的关系。因为社会是不断向前发展的，人的观念也是在不断更新的，在不同的社会背景下，法律和道德准则会有所不同，这个时期你这样做可能是对的，而同样的做法放在另一个时期就是错的，甚至是违法的。所以，我们的做人原则，也要跟随时代的发展和社会的变革而不断调整，决不能让原则成为一种定式，那样很容易束缚和禁锢自己的思想。

【生活悟语】

做人做事，原则是基石，是指引我们行为的灯塔。原则赋予我们

老人言

清晰的是非判断标准,让我们在复杂的世界中不迷失方向。有原则,我们才能坚守道德底线,如诚信、善良与公正,赢得他人的尊重与信任。在面对利益诱惑时,原则能使我们保持清醒,不随波逐流,做出正确抉择。

第3章

社会交往：
学会经营人脉，立足社会发展

言语乃是无情剑，不经意间最伤人

【老人言解析】

说话的时候如果不注意方式，就有可能会得罪人。说话要注意轻重和艺术，只有把握好度，交流起来才能够得心应手。

【人生应用：话过大脑再出口。】

说话是一门处世艺术，看似容易实则难，最难的还是要看清火候，掌握好尺度，知轻重、识进退。只有懂得说话的艺术，才能在社会上站得住、吃得开，成为一名社交高手。有的人说话做事八面玲珑、左右逢源、面面俱到、得心应手，那是生活历练的结果。滴水穿石，非一日之功，没有多年的磨炼，难以掌握说话的艺术。

所以我们说话首先从不得罪人开始。言语乃是无情剑，不经意间最伤人。许多不愉快的事往往源于口无遮拦，出言不逊到处树敌，自绝于人，最终成了社交场的孤家寡人。"两年胳膊三年腿，十年难磨一张嘴。"说话只顾自己痛快，不管对方感受，结果害人又害己。关羽自负孤傲，一句"虎女安肯嫁犬子"极大地激怒了孙权，导致大意失荆州，身首异处。

有些人说话总是冷冰冰、硬邦邦的，不带丝毫感情，这样如何能够在社会上吃得开？说话是最讲究方式的社交手段，不论你说话的出发点如何，都要注意说话的方式。说话并不难，难的是把话说得入耳动听。

老人言

古希腊寓言家伊索当奴隶时，主人有次命他备办一桌最好的酒菜招待客人。开宴时，宾客们看到席上的菜肴全是各种动物的舌头，面面相觑，主人也大吃一惊，忙问怎么回事。伊索回答说："舌头是引领所有好事的关键，不是最好的菜吗？"

第二天，主人吩咐他再办一次宴会，菜要最坏的。上菜时，伊索端上来的仍是动物的舌头，主人暴跳如雷。伊索解释说："难道一切坏事不是从口而出吗？舌头既是最好的，也是最坏的东西。"

其实舌头本身并没有好坏之分，关键在于说出的话是好是坏。难的是把话说得入耳动听，说得巧妙。为人应当言表心声，处世则当以话为媒。那种心直口快、说话不顾后果的人，即使本身并没有恶意，却往往在无意中伤害了他人。

曾经有一个剃头师傅家被盗，因此他的心情非常不好。第二天早上，来了一位顾客，见剃头师傅愁容满面，就问他怎么了，剃头师傅回答道："我辛辛苦苦剃头攒下的一年积蓄昨夜被小偷偷去了。唉！权当替小偷剃了一年的头吧！"顾客一听，还没坐下就生气地走了。其实剃头师傅说的话并没有坏心，但是因为不会说话，将小偷和顾客结合在了一起，没有看对象就说出了这种话，因此才得罪了客人。

王硕在学校是高才生，本硕连读。他毕业以后很快就找到了一份很不错的工作，薪水很高，而且一去就是部门主管，于是他成了公司有名的青年才俊。然而王硕却有一个说话不留心的缺点。一次，在吃午餐的时候，王硕和李哥一起去吃饭，席间说到了上海的交通问题，在上海土生土长的王硕顺口发表意见说："上海这几年交通恶化其实就是因为外地来的大学生太多，我认为应该严格户口管理制度，二三流大学的毕业生就不要再给他们机会了。"而李哥原本就是外地人，大学毕业后从浙江到上海来发展的，听了这话心里自然很不爽，回到公司里把吃饭时王硕的话向其他同事说了一遍，一些来自外地的同事立刻觉得王硕非常狂妄。

此后每当工作上的事情王硕管得严格一点，到了其他同事口中就成了一种他要整治外地人的信号。其实王硕说者无心，却因为他的无心之言，伤了同事之间的感情。

人与人之间的交流，在于互相理解，所以在我们说话之前，一定要注意听众的身份和对方的感受。那些容易引起误会或者产生歧义的话，更是要避免。

一个学生写过这样一篇文章：一天在课堂上我们正在进行下一课生字的预习，其中有一个生字是"占"，老师想给我们解释这个"占"字的用法，于是他便指着一个比较胖的学生说："他太胖了，要是坐公共汽车的话，他得占两个位子。"这话说完，全班顿时变得鸦雀无声，大家都惊讶地盯着老师，都在想是否听错了。过了一会儿有个同学问："对不起，老师您说什么？"那位老师竟然又大声地重复说："他太胖了，要是坐公共汽车的话，他得占两个位子。"听了这话我们都觉得很窘迫，大家都低下了头，没有人知道该说什么和该做什么。这种沉默使我感到糟糕透了，还有那位感到局促不安的胖同学。

老师本意并不是针对胖同学，只是想让学生更直观地理解"占"字。但是，他没有考虑胖同学的感受，这让胖同学有一种被侮辱的感觉。

在生活中，因为不恰当的言辞而造成的误会或冲突实在是太多了。所以，我们要时刻牢记："言语乃是无情剑，不经意间最伤人"，否则伤害人、得罪人而不自知，那才得不偿失。

【生活悟语】

说话要注意场合、对象、尺度等，不能随心所欲，想到什么就说什么，否则会在不经意间就得罪了人而不自知。人们在面对不同的人与事时，应该从不同的角度出发，用相应的方式说不得罪人的话，这样才能达到理想的言谈效果。

老人言

挨金似金，挨玉似玉

【老人言解析】

挨金子近了就会沾染金子的颜色和气息，就会越来越像金子；挨玉近了就会沾染玉的气息和特性，就会越来越像玉。在社会交往中，近朱者赤，近墨者黑，和优秀的人接触多了，自身也会变得优秀，而和无所事事的人接触多了就会变得平淡无奇。

【人生应用：人是会随着环境逐渐改变的，肥沃的土地才能长出茁壮的树木。】

人进入社会，总会耳濡目染，会被身边的人影响。古人云："与善人居，如入芝兰之室，久而不闻其香，即与之化矣。与不善人居，如入鲍鱼之肆，久而不闻其臭，亦与之化矣。"这里讲的是交友方面的道理。一个人如果长期处于不良的社会环境，久而久之，必然会受到不良环境的影响。

流传很广的孟母三迁，择邻而居的故事就是这样的例子。孟轲的母亲知道人的道德和学问是逐渐养成的，所以对孟轲平时生活和学习上的细节十分重视，通过渐变的方式培养孟轲的好习惯。起初，孟家离一处公墓不远，小孟轲看了一些送葬人的情景，自己就模仿起来，成天在沙地上埋棺筑墓。孟母看出这样的地方对孩子影响不好，就搬家到了一个集镇。小孟轲又学着那些卖货的人吆喝叫卖，孟母只好再次搬家。最后，搬到了一所学校附近，小孟轲模仿学校的孩子们，在游戏中摆弄俎豆祭器，学习揖让进退的礼仪，孟母这才终于放心地说："这里才是我孩子可以居住的地方！"

然而，孟轲上学以后，有点贪玩，进步不大。有一次，孟母问他："学习得怎么样？"孟轲回答说："还是那个样。"孟母听后，拿过剪刀就剪断了织机上的线，说："你荒废学业，就像我割断织机上的线，布就织不成了一样，不好好学习，以后就只有成为供人使唤的下人。"孟轲从此拜孔子的孙子子思为师，勤奋学习，终于成了著名的一代儒家宗师。

我们常常强调要使自己健康成长，除了自身的努力以外，外部环境也是至关重要的，只有让自己处于一个良好的环境中，才能保证自己的正确方向。不受外界不良事物的影响，才能做一个德才兼备、真正有益于社会的人。

如果你的周围是一群鹰，那么你自己也会成为一只展翅翱翔的雄鹰；如果你周围是一群山雀，那么你也许永远也看不到海阔天空。由此可见，朋友的行为对我们的影响是多么的深。假如你真正的挚友很多，可以帮助你走上光明大道，你就成了一只雄鹰；假如你择友不当，则会导致自己走上邪门歪道，甚至坠入违法犯罪的深渊，你就成了一只永远飞不起来的山雀，你的终身幸福将毁于一旦。

曾经有这样一个故事：一只小鹰在鹰妈妈外出觅食的时候不慎从窝里掉了出来，刚巧被鸡妈妈看到了，便捡回去和自己的孩子放在了一起喂养。时光流逝，小鹰很快就长大了，它习惯了鸡的生活环境，而鸡也将它看成是自己的同类，它也如鸡一样用爪子向后刨土觅食，从来没试过要飞向高空。

一天小鹰出外觅食，遇到了鹰妈妈，鹰妈妈看到小鹰很开心："孩子，你怎么在这里，快随我一起飞向天空吧。"然而小鹰却说："我不是鹰，我是小鸡，我可不会飞，天那么高，我怎么能飞得上去呢？"鹰妈妈并没有灰心，鼓励它说："你不是小鸡，你是一只搏击长空的雄鹰，我们到悬崖去，我来教你飞翔，你一定可以的！"小鹰将信将疑

老人言

地跟着老鹰走到悬崖边，看到万丈深渊就紧得不断颤抖，鹰妈妈耐心地说："孩子，不用怕，你看我怎么飞，你就学我的样子，用力扇动翅膀就可以了。"鹰妈妈说完忽然一扇翅膀，嗖的一下就飞离了地面，而小鹰却吓得不知所措，撒腿就跑掉了。待鹰妈妈回来时，小鹰已经不知去向了，也许它以后只能做一只真正的鸡了。

从这个故事可以看出，环境和我们身边的朋友对我们的影响有多大。若我们想要成为一个成功的人，在交朋友的时候就需要寻找有所成就或拥有上进心的人，这样我们在他们的影响和熏陶下也就能够不断激励自己，最终获得成功。

张衡是我们家喻户晓的人物。他在青年时期有很多知己，都是当时很有才华的青年，特别是崔瑗，很早就学习过天文、数学、历术，张衡经常同他交换心得，张衡能进一步研究天文、物理等科学，都是受崔瑗的影响。

生活的环境如同一个大染缸，会将形形色色的人同化于其中。一个人处在重礼重德的环境中，他就会受到身边人的言行教化，自觉地约束自己，使自己不断进步；相反，一个人处在道德颓废、弄虚作假的环境中，他也会受到身边消极观念的影响，正邪不分，随波逐流。在现代社会中，为了不使自己误交损友、沾染不好的习气，交友与择邻也应懂得挨金似金，挨玉似玉的道理。

欧阳修是北宋时期著名的文学家、史学家和政治家。他在文学上取得了卓越的成就，创作了大量优秀的散文和诗词。尤其是他的散文，简洁流畅，丰富生动，富于感染力。欧阳修是"唐宋八大家"之一，他还为当时的文坛培养了一大批人才，像苏洵、苏轼、苏辙、曾巩、王安石等文学家，都出自他的门下。后来，他们以自己的创作推动了诗文革新。所以，人们把欧阳修称作宋朝诗文革新运动的领袖。

欧阳修在颍州府做官的时候，有位名叫吕公著的年轻人在他身边学习。有一次，欧阳修的朋友范仲淹路过颍州，顺便拜访欧阳修，欧阳修热情招待，并请吕公著作陪叙话。谈话间，范仲淹对吕公著说：

"挨金似金,挨玉似玉,你在欧阳修身边做事,真是太好了,应当多向他请教作文写诗的技巧。"吕公著点头称是。后来,在欧阳修的言传身教下,吕公著的写作能力提高得很快。

所以,交一个道德高尚的好朋友,就能在朋友处获得人格的熏陶、道德的感召,自然会受益无穷。相反,如果结交道德低劣、不学无术的人,那就有可能在损友处受到意想不到的牵连和伤害,甚至误上贼船,终生后悔无穷。

【生活悟语】

朋友是在社会中影响我们最深的群体,要想能够在人生路上攀上高峰,就多去寻找那些优秀的人做朋友吧!这样才会越来越优秀,越来越接近成功。

不行清风，难得细雨

【老人言解析】

如果没有清风，那么就不会那么容易下雨。这句老人言其实说的是一个因果关系，比喻如果你若不对他人好，那么也就没那么容易让他人待你好。

【人生应用：风雨相伴，想得助先助人。】

来而不往非礼也，若想要在社会中得到他人的帮助，想让别人对自己好，那么我们首先要对别人好，先帮助别人且不能抱有私心，只有这样才能够得道者多助。

李员外有三个女儿和一个小儿子，大女儿许配给了一个举人，二女儿许配给了一个秀才，而三女儿许配给了一个庄稼人。本来李员外家的日子过得还是非常不错的，可是有一次家中突然着火了，家中值钱的东西都烧了个精光，李员外一气之下也跟着跳进了火坑被大火烧死了，最后只剩下了小儿子一个人过日子。

这一年，李员外的儿子打算到京城去赶考，可是自己却身无分文，只好到几个姐姐家去借。他先来到大姐家，对姐姐和姐夫说："大姐，我想到京城赶考，可是手上一文钱都没有，打算向你们先借点盘缠。"谁知道大姐却说："兄弟，我们这日子过得也紧巴巴的，哪有什么闲钱啊！你在我这吃顿饭，就回去吧。"说完，大姐就装着去抓鸡，可是她到了鸡群里一拍手，鸡都吓跑了。弟弟一看，这是姐姐不打算留自己在这里吃饭，于是便告诉了大姐一声，转身走掉了。

第二天，他又到了二姐家去借钱，二姐说："兄弟，你也知道俺这人口多，哪张嘴不吃饭能行啊，哪有余蓄的钱借给你啊？今天你就在这吃饭吧，姐姐实在没办法啊！"说着二姐就拿着渔网到了鱼塘，可是她在边上捞啊捞，却怎么也捞不上鱼来。弟弟一看，这是二姐尽往没有鱼的地方下网，是不打算让自己在这吃饭，于是也告诉二姐一声转身走了。

李员外的儿子走在半路上，正好碰到了三姐在玉米地里掰玉米。三姐见弟弟来了，赶忙把弟弟让到了家里，可是到家一看，三姐家里一点粮食没有，只好给兄弟煮玉米吃，还摘了几个香瓜给弟弟。弟弟对三姐说："三姐，我打算进京去赶考，可是身上一点盘缠也没有，想让三姐和姐夫给我张罗点钱，将来我一定还。"三姐听了连忙说："什么还不还的，都是自家兄弟，弟弟你有难处，做姐姐的想想法子也得帮忙。"三姐和姐夫都是老实人，见兄弟有难，都很着急，于是忙前忙后，将家中值钱的东西包括三姐的首饰和嫁妆都拿了出来给弟弟做盘缠，让弟弟进京赶考。

过了一段时间，朝廷重臣见新科状元很精明，就将自己的女儿许配给了这个新科状元，而这个新科状元就是李员外的儿子。成亲的第二天晚上，员外的儿子想起了三姐和姐夫，要不是他们资助自己哪有今天？于是便半夜爬了起来，差人给三姐家送去了二百两银子，还捎了一封信让他们有空来京城做客。

三姐接到弟弟的信很开心，知道兄弟考中了状元，而且还娶妻成家了，都替兄弟开心，于是趁着农闲的时候就进京来看弟弟。弟弟见三姐和姐夫来了，赶忙热情款待两人，每顿饭都是非常丰盛。住了几日姐姐和姐夫打算回家时，弟弟又拿出来了三百两银子让姐姐、姐夫拿回去。三姐和姐夫回到家，用弟弟给他们的银子买了一块地，还盖了大瓦房，从此过上了好日子。

三姐家盖房又买地的事很快就传到了大姐、二姐耳中，两人就跑

老人言

到了三妹这里来追问:"三妹,你哪来的那么多钱啊?又盖房又买地的。"三妹是个老实人,就说:"咱兄弟考上了状元,是他给我的钱。"大姐、二姐想四人都是姐弟,如果到弟弟那里去,说不定也能发财呢。于是两人回家赶紧收拾了行李就找弟弟去了。

到了京城,两人见到弟弟,弟弟同样很热情地招待两人,别的什么都不说。大姐、二姐住了一段时间,心想如果不要些银子回家,那来干什么啊!可又不好直说,于是心急地找到弟弟说:"兄弟,我们要回去了,你有什么事吗?"弟弟说没什么事,还告诉她们常来做客,就是不提银子。两人都很着急,只好主动要了:"兄弟,这些年我们姐俩的日子过得也挺紧巴的,要是你手头宽裕的话,你就给我们点银子吧。"弟弟说:"两位姐姐不知道吗?当初是三姐给我拿了盘缠,我才有了今天,再说我也是刚成家立业,哪有什么余钱啊!"

弟弟说完,只见两位姐姐脸上一阵红一阵白,要多难看有多难看,想想当初弟弟来找自己借盘缠时的情况,也再没脸留下来,灰溜溜地走了。这就是不行清风,难得细雨的故事,如果当初两位姐姐能够给予弟弟支持和方便,如今弟弟出头了也定然会给两位姐姐一些回报。其实任何事情都是有前因后果的,想要他人的帮助就需要在最初帮助他人。

【生活悟语】

没有因就不会有果,若我们在社会上想拓展更多的人脉,首先就要真心实意地对待别人,先待人好,他人才能待我们好——天下没有免费的午餐。

舌头如利刃，伤人甚刀枪

【老人言解析】

如果说话不注意方式，就可能伤害到对方，从而无法弥补。我们说话一定要注意方式，因为说话说不好，就如同在别人的心脏上插了一把利刃。

【人生应用：说话要把门，别让隐形刀剑伤了他人自尊。】

生活中很多不愉快的事，多出于口无遮拦。所以，学会委婉地表达自己的意思就显得尤为重要。一个聪明人在与人交往的过程中，是从不会把话说死、说绝的。我们天天都在说话，但并不见得个个都会说话。有的人说起话来娓娓动听，让人浑身舒服，忍不住会同意对方的说法；有的人说起话来像是一柄利刃，专捅别人的短处和痛处；有的人说起话来一开口就使人感觉到讨厌。

话说得好，小则可以安乐，大则可以兴国；话说得不好，小则可以招怨，大则可以丧身辱国。三国名将关羽，过五关，斩六将，温酒斩华雄，匹马斩颜良，偏师擒于禁，擂鼓三通斩蔡阳，百万军中取上将之首，如探囊取物，自以为"威震华夏""天下无敌"。刘备自立为汉中王后，封关羽、张飞、赵云、马超、黄忠为"五虎上将"，其中关羽居首。可关羽听说黄忠也被封为"五虎上将"之一，就大为恼火地说："黄忠何等人，敢与吾同列，大丈夫终不与老卒为伍。"

关羽驻守荆州期间，孙权派诸葛瑾到他那里，替孙权的儿子向关

老人言

羽的女儿求婚,"求结两家之好","并力破曹"。这本来是件好事,以婚姻关系维系补充政治联盟,过去多有先例。但是,关羽听后竟勃然大怒说:"吾虎女安肯嫁犬子乎!"不嫁就不嫁,又何必如此出口伤人?试想这话传到孙权那里,孙权如何吃得消?又怎能不使双方关系破裂?

关羽的傲慢和目空一切,使他的话语成为利刃,深深刺伤了每一位愿与他交好的人,这也为他的悲剧命运埋下了伏笔。他最终落了个失荆州、走麦城、人头落地的下场,这不能不为我们后人所警惕。

在现实生活中,朋友相聚时,有些人只顾一时口舌之快,有意无意地对他人造成了伤害,有时一句侮辱性的语言完全可能把深厚的友情葬送。其实有许多语言伤害原本是可以避免的,因此我们要学会设身处地地为别人考虑,保全别人的面子。

刘欣桐是一名办公室文员。她性格内向,不太爱说话,每当别人就某件事情征求她的意见时,她说出来的话总是很伤人,而且她的话总是直捅别人的痛处。有一次,同一部门的一个同事穿了件新衣服,别人都称赞"漂亮""合适"。可当人家问刘欣桐感觉如何时,她却毫不犹豫地回答说:"说实话,你的这件衣服虽然很漂亮,但穿在你身上就像给水桶包上了艳丽的布。因为你实在太胖了,而且这颜色对于你这个年纪的人显得太嫩,根本不合适!"这话一出口,原本兴致勃勃的同事表情马上就呆住了,而周围刚刚大赞衣服好的人也都很尴尬。因为,刘欣桐说的话就是大家都不愿说的得罪人的话。

虽然有时她也很为自己说出的话惹人讨厌而后悔,但她总是忍不住说些让人接受不了的实话。久而久之,同事们就把她排除在了集体之外,有什么活动也不愿意邀请她参加,她最终成了这个办公室的局外人。

其实一个聪明人在与人交往的过程中,从不会把话说死、说绝,让自己的话谁听了都不会痛快。人人都爱惜自己的面子,而这样绝对的断言,显然是极不给人面子的一种表现。没有人会受得了这样无礼的话，即使他不会立即与你兵戎相见，大干一场，也会对你怀恨在心而结怨成敌。

所以，学会委婉地表达自己的意思，就显得尤为重要。在一般场合中，若要发表自己的意见，你可以先说"你的某某事做得挺好，效果、反映都不错"。然后，再用"但是""不过"等来缓冲一下。因为任何人都知道在"但是"后面的话才是我们真正想说的，"但是"前面的都是保全对方面子，给予对方肯定时必须说的，这是为了营造一种和谐气氛的客气话。在表达自己和他人意见不同时，可以用"我的感觉是"或"我认为"等来开头，这样才能够不会太过突兀。

要想在社会、生活上被人们所认可，就必须了解到这一点。这也是很多明世故的人不轻易在公开场合说一句批评别人的话的原因。所谓"打人不打脸，说话不揭短"，就是说我们不能揭人隐私，不能触犯他人的敏感区域，即便是开玩笑，也要以对方的得意之事作引子，如此才可避免出现尴尬的局面。

【生活悟语】

说话前请先顾忌一下对方的感受，因为谁的舌头都有可能化为尖锐的利剑——别因一句实话赶走一圈朋友。

劝人终有益，挑唆害无穷

【老人言解析】

人与人之间出现矛盾时，一定要劝人和睦，这样才能对对方有益，也对自己有利；而如果总是离间别人情谊，挑唆他人感情，终归会祸害无穷，受到苦楚。我们要怀有善心，劝和不劝分，别去挑拨他人关系，这样才能交到更多朋友。

【人生应用：任何时候都要主和不主分，人与人之间的感情是需要真诚维系的。】

有些人喜欢嚼舌头，甚至很是八卦，说话又不看听众。比如，原本两个关系很好的朋友，每个人都有些小秘密，有人就会在这个人面前说那个人的不是，在那个人面前说这个人的不妥，从而最终使对方反目成仇，这种做法害人害己，不但破坏了对方的情谊，也会让人认清谁才是朋友。

安庭柏是个口才很好的人，但是他的口才常常用在错误的地方。他总是喜欢离间别人的感情，即使是至亲骨肉，只要被他去挑拨，就会立刻反目成仇。李中甫兄弟，原本相处得十分和睦，就是因为安庭柏从中间挑拨，兄弟间开始互相争斗。小蔡和张义二人，本来是知己，两人感情非常好，也是由于听信了安庭柏的挑拨，最后竟然绝交了。

安庭柏挑拨离间他人的例子，不知道有多少。后来他的生活越来越潦倒，越来越贫困。他的两颊生出了毒疮，喉咙和舌头也都流脓溃烂，因此而吃不下任何食物。最后竟然在哭喊声中，痛苦无奈地断气了。

其实真正会做人、会处世的人，当见到他人因贫困难以生存时，会用钱财来帮助，使对方得以渡过难关；当看到别人彼此不和的时候，会帮助双方调解矛盾，使他们最终和睦相处。这才是真正为人处世的方法，喜欢挑拨他人关系的人必然不会有什么好的下场。

宋英宗即位之后，对待宫中的内侍不够宽厚，很少施恩惠给宦官。宦官就常常在太后的面前挑拨离间，造成太后与皇后两宫的不和。

有一天，韩琦与欧阳修两位贤臣在太后帘前奏报事情。太后突然就哭了起来，并且把两宫不和的事情，详细地告诉了韩琦。韩琦就安慰说："这个可能是因为皇帝生病的缘故。等皇帝病好了，必定不会这样了！"当时，皇帝因为受到了惊吓而生病。

欧阳修则向太后进言："太后侍奉先帝数十年，太后仁德的形象，已经大著于天下。以前温成备受先帝的宠爱，太后也能够处之泰然，和他和睦相处。今天太后和皇上母子之间，为何反而不能相容呢？"韩琦再向太后说道："太后并没有自己的亲生儿女，皇上从小就被太后养育在宫中，而皇上又是太后的外甥，此乃上天安排给太后的儿子和媳妇啊！怎么能够不加以爱护疼惜呢？"太后听完两位贤臣的话之后，心情就稍微平和了一些。韩琦担心太后的态度会变，于是又说："我们做臣子的，在宫廷外面，不能够随意地觐见皇帝。所以宫廷内的保护，全都靠太后啊！若是皇帝失去了照护和管教，太后就不能够推卸这个责任啊！"太后听了惊奇地说道："宰相，你这是说的什么话？我爱护管教他们的心，更是恳切啊！"和韩琦在一起觐见太后的人，听到太后的话，莫不紧张得汗流浃背。

隔了几天，韩琦就单独觐见皇上，他向皇上奏道："陛下能够即位，当上天子，这都是太后的恩典！所谓知恩报恩，皇上不可以不报答太后啊！愿陛下加意用心地侍奉太后，自然就会没事了。"皇上说："朕会接受你的教诲！"

老人言

又过了几天,韩琦再去觐见皇上,皇上说:"太后对我还是不好,这可怎么办啊?"韩琦说:"自古以来,圣明贤德的帝王,不能算是不多!为什么独独称赞舜王是大孝呢?难道其他的帝王,就都不孝顺了吗?父母慈祥而子女孝顺,这乃是常事,不足为道。唯有父母不慈祥,而儿女依然能够尽孝,这样才足以使大家都称赞!但恐陛下现在侍奉太后,还没有做到尽心尽力的地步啊!天下岂有不慈爱子女的父母呢?"皇上听了韩琦的话,大为感动,立即醒悟。

劝人终有益,挑唆害无穷。常行君子劝和,严防小人挑唆。这样,家庭就会和睦许多,朋友间就会友好许多,天下就会太平许多!

【生活悟语】

人们的眼睛是雪亮的,即使在被挑唆、被蒙蔽的时候无法看到真心,但是当心情平静时,必然能够察觉你的用意。所以,不要去挑唆他人感情,多去劝和,才能够赢得更多朋友。

蚊虫遭扇打，只为嘴伤人

【老人言解析】

蚊虫被人们讨厌并拍打，就是因为它们喜欢用嘴刺伤人。在社会中有些人就如同蚊虫一般，说话讽刺意味非常重，这样终归会遭受到他人的讨厌，最终失去朋友。

【人生应用：别图一时之快，刺人话语勿出口。】

以尖酸刻薄之言讽刺别人，只图自己嘴巴一时痛快，殊不知会引来意想不到的灾祸。话一旦出了口，就会无法收回。所以，一定要控制自己的言语，要特别小心讥讽之言，因为你从刺人的话中得到的满足远远不及你付出的代价。

人与人之间原本没有那么多的矛盾纠葛，往往只是因为有人逞一时之快，说话不加考虑，只言片语伤害了别人的自尊，让人下不了台，那对方心中怎能不燃起一股邪火？如果我们说话言辞过于尖酸刻薄，批评太过分，可能也会惹祸上身。

古人早有明训："蚊虫遭扇打，只为嘴伤人。"许多人常以嘲弄他人为乐，其中有些虽然只是属于玩笑性质，但总让人觉得不妥。毕竟尖酸刻薄、有失厚道的批评，会使听者产生不悦，对此我们也不得不谨慎。在现实生活中，有些人不讨人喜欢，甚至四面楚歌，主要原因不是大家故意和他过不去，而是他们在与人相处时总是自以为是，说话太尖刻，常常让人难以接受。

老人言

张念是个心直口快的人，总是有什么说什么，从来不会含蓄委婉，所以经常得罪同事。有一次，办公室的饮水机没水了，他对同事小王说："帮个忙换桶水吧，就你闲着。"

小王一听这话就不高兴了，反驳道："什么叫就我闲着？我在考虑我的策划方案呢。"张念也因此碰了一鼻子的灰。正是因为他说话讽刺意味太过严重，才让小王心有不忿。

当天，几个同事在一起聊天，让张念说一说对公司管理的看法。于是张念开始竹筒倒豆子："我认为目前我们公司的管理非常混乱，有令不行，有禁不止，简直像个乡下企业。"这样讽刺大家的话谁都不爱听，均认为张念话里有话，似乎同事们都是混日子的人，就他一个是以公司为家的人。

有次同事小张对张念说某件事情可不可以延迟一天，因为手头有更重要的事在做。没想到张念竟然声色俱厉地说："有这么做事情的吗？你别找理由了，这可是你分内的事，又不是给我做，你看着办！"小张听了这话很不开心，好像张念讽刺他分内的事不做却做其他事，所以也不甘示弱地说："喂！请注意你的言辞。你以为你是谁呀？我就是没有时间！"张念被气得浑身发抖地说："我怎么了？本来就是这么回事，我不过实话实说罢了。"他正在生气的时候，副总走进来对他说："你知不知道，大家都私下里叫你'西伯利亚寒流'……"

张念听了笑了起来，问："为什么呀？""因为你说话总是冷冰冰、硬邦邦的，不注意措辞，讽刺意味太过浓重，经常令人难堪。"张念一下子把头低下了，他认识到自己没有修炼好说话功夫，难怪大家都不喜欢他。这之前，他还以为是自己工作出众，同事们妒忌他呢，原来是自己"吃了火药"，说话杀伤力太大。

与人相处，彼此间每天都要说很多话，有时候习惯了，也就不把说话艺术当回事。但小小的一句话，学问很大。想一想每天我们都要听到别人对自己说的话，好听的都喜欢听，而讽刺性的话语相信谁都不会喜欢。

某大学有位教授给研究生讲现代汉语语法研究专题。有一次负责研究生具体工作的年轻教师向他反映研究生的意见，说："您讲得不深不透，他们不是大学生了，不爱炒冷饭。"虽然说的是事实，但是因为太过尖刻，所以教授听后就来了情绪："炒冷饭！我不炒不就得了吗？"说完就拂袖而去了。

如果年轻老师会说话，委婉些，把批评意见当成希望或建议说出来。比如，可以这样说："这班研究生的水平比较高，他们希望老师讲点新见解、新材料，讲点语言研究的最新动态。"也许这样说，对方就容易接受。

许多自诩为有话直说、想到什么说什么的人，其实是简单地用自己的观念和习惯去衡量别人的态度与行为，一遇到不对自己胃口的事立刻就去指责、讽刺，实际上这并不是对人善意的真诚，而是自我不悦情绪的随意宣泄。出言不逊者只会自食苦果，刺伤他人的话总会让人心生愤恨，只有处处与人为善，说话委婉，才能建立与人和睦相处的基础。

【生活悟语】

说话是一门艺术，它既能让人心潮澎湃，也能让人烦躁不安；它既能让人欢喜异常，也能让人厌恶不已。请不要让你的话刺痛他人，那样只会失去彼此和睦相处、增进感情的机会。

老人言

高山放纸鸢，全靠四边风

【老人言解析】

在高山上放风筝，风筝升空飞翔的源头就是那四面八方的风。在社会上立足，需要广交朋友，只有朋友多了，才能够给予我们更多的帮助，我们的人生路才能走得更为平坦。

【人生应用：多一个朋友多一个帮助，多一个朋友多一条路。】

当今社会是一个发展迅速竞争激烈的社会，想要在社会上获得更多人的支持，就必须多交些朋友，只要一个朋友给予我们一个帮助，那么我们的路就会平坦很多。

苏东坡是位很重友情的豪爽之人，他结交了许多好朋友。他甚至能与政敌友善地交往，在离黄州赴汝州任团练副使的途中，一到南京他就去看望了已被排斥的王安石。当然更主要的是他交朋友从不看对方的权势地位，只要是正派好人，不管是和尚、道士、平民、歌妓等他都以诚相交，所以他身处危难时，均有朋友相助。苏东坡在离黄州赴汝州时，有很多朋友去相送，不仅有人坐船送了苏东坡数十里，更有人直送他到九江，其中一位是他原来最恨之人的儿子陈慥，一人是道士乔同，一人是有文才的和尚参寥子。

苏东坡在凤翔任副职时，因陈太守管得太严厉，甚至有时对他太过粗暴，所以他当时最恨陈太守。后来苏东坡慢慢发现军人出身的陈太守心地并不坏，性格豪爽，就和他化解前嫌。后来还给陈太守写了墓志铭，这是苏东坡一生仅写的七篇墓志铭之一。而陈太守即是陈慥之父，可见苏东坡宽容诚挚之心，陈慥也成了他终生好友。

参寥子和尚小苏东坡五岁，是苏东坡在徐州时认识的，由于二人志趣相同，便成了好朋友。当参寥子得知苏东坡被贬黄州后，便专程到黄州陪他住了一年多时间，在精神上给了苏东坡很大的支持。

第三位好友是道士乔同，对苏东坡在黄州养身健体、清心寡欲方面帮助很大，所以苏东坡也十分敬重乔同。

由此可见苏东坡在广交朋友方面做得如何了。其实任何人都需要广交朋友，从而在社会中获得更多的帮助，这不但有利于事业的发展，也有利于获得支持。

不管是古代，还是现代社会，朋友都是一个人在社会上发展事业的基础，我们若想在社会上发展迅速，必须依靠众多朋友的帮助。

【生活悟语】

风筝靠风的衬托才能远飞，人要靠朋友的帮助才能远行——广交朋友扩人脉，朋友多才能路宽广。

老人言

朋友千千万，知己有几人

【老人言解析】

我们能够称得上朋友的人有很多，可能数都数不过来，但是真正的知心朋友却没有几个。其实在现实生活中，我们真正的朋友不会有很多，所以在交朋友的时候一定要看准人，只有知心的朋友才是最重要的。

【人生应用：危难之际见真情，知己朋友要珍惜。】

生活中，朋友是我们不可或缺的陪伴。真正的朋友，不仅能与我们共享欢乐，更能在危难之际挺身而出，给予我们支持与力量。他们的存在，如同一盏明灯，照亮我们前行的道路；又如同一股暖流，温暖我们的心灵。正如古人云："患难见真情。"历史长河中，无数的故事见证了朋友之间真挚的情谊，让我们深刻领悟到知己朋友的珍贵。

先看一则"管鲍之交"的故事：

管仲和鲍叔牙之间的友情，堪称千古佳话。管仲家境贫寒，而鲍叔牙出身富贵，但这并未影响他们之间深厚的友谊。两人早年一起经商，管仲因家中贫困，出资常常较少，但在分利时却总想多拿一些。然而，鲍叔牙对此从不计较，他深知管仲的困境，理解他的行为是出于生活的无奈，反而总是处处照顾管仲。有人对鲍叔牙的做法表示不理解，甚至嘲笑他傻，鲍叔牙却坦然回应说："管仲并非贪财之人，他只是因生活所迫，我了解他的才能和抱负，这些小事又算得了什么呢？"

后来，管仲和鲍叔牙分别辅佐公子纠和公子小白。在齐国的政治斗争中，公子纠失败被杀，管仲也因此沦为阶下囚。而公子小白即位成为齐桓公后，鲍叔牙却极力向齐桓公推荐管仲，称管仲有经天纬地之才，若能任用他，必能成就齐国的霸业。齐桓公起初对管仲心存疑虑，毕竟他曾是敌对一方的人，但在鲍叔牙的再三劝说下，最终决定不计前嫌，重用管仲。

管仲得到重用后，充分发挥了自己的才能，推行了一系列改革措施，使齐国逐渐强大起来，成为"春秋五霸"之首。管仲深知自己能有今日的成就，离不开鲍叔牙的知遇之恩和深厚情谊。他曾感慨地说："生我者父母，知我者鲍子也。"

"管鲍之交"成为了历史上知己朋友的典范。这个故事告诉我们，在危难之际，真正的朋友不会因利益的得失而疏远，也不会因困境的艰难而放弃。鲍叔牙在管仲贫困潦倒时的理解与包容，在其面临生死危机时的全力营救和举荐，无不展现出了真正的友情是无私的、坚定的，是能够超越世俗的偏见和个人的得失，只为了朋友的才华能够得以施展，梦想能够得以实现。

下面，再看一则"伯牙子期"的故事：

春秋战国时期，有一位琴艺高超的人叫伯牙。他的琴声悠扬动听，却常常感叹无人能真正听懂其中的韵味。直到有一天，伯牙在山中弹琴，琴声深深吸引了路过的樵夫子期，使其驻足聆听。伯牙弹奏高山之曲，子期赞叹道："善哉，峨峨兮若泰山！"伯牙又弹奏流水之音，子期又感慨："善哉，洋洋兮若江河！"伯牙大喜，他终于找到了能听懂自己琴声的人。从此，伯牙与子期结为知己，两人时常相聚，伯牙弹琴，子期倾听，他们在音乐的世界里共享着彼此的心灵。

然而，好景不长，子期不幸染病去世。伯牙得知后，悲痛万分，他来到子期的墓前，弹奏了一曲《高山流水》，然后将琴摔碎，发誓终生不再弹琴。因为在伯牙心中，子期是他唯一的知音，知音已去，琴声再无人能懂。

"伯牙子期"的故事,让我们看到了在那个动荡的时代,一份纯粹而真挚的友情是多么难得。他们跨越了身份的差异,一个是高雅的琴师,一个是平凡的樵夫,却因对音乐的热爱和理解而走到一起。在子期离世之时,伯牙用摔琴的行动诠释了对这份友情的珍视。他深知,世上再无一人能像子期那样懂他的心声,这份友情已然成为他生命中不可替代的一部分。

历史的车轮滚滚向前,但"管鲍之交""伯牙子期"这些关于友情的故事却永远流传下来,激励着我们后人。在现实生活中,我们也会遇到各种各样的困难和挑战,此时,朋友的陪伴和支持就显得尤为重要。当我们身处困境时,一个真诚的朋友会伸出援手,给予我们帮助和鼓励;当我们感到迷茫时,朋友会为我们指点迷津,照亮我们前行的道路;当我们取得成功时,朋友会与我们一起分享喜悦,提醒我们不要骄傲自满。

然而,友情的存在需要我们用心去经营和珍惜。我们要学会理解和包容朋友的缺点和不足,在彼此发生矛盾时,要及时沟通,化解误会。同时,我们也要在朋友需要帮助的时候,毫不犹豫地挺身而出,用实际行动证明我们对友情的珍视。

"危难之际见真情,知己朋友要珍惜。"让我们铭记历史上这些感人至深的友情故事,以他们为榜样,在生活中珍惜身边的每一位朋友。用我们的真心去对待朋友,用我们的行动去维护友情,让这份珍贵的情谊在岁月的长河中绽放出更加绚丽的光彩。因为,只有在危难中坚守的友情,才是真正经得起考验的;只有懂得珍惜的人,才能收获这份无价的宝藏,让它陪伴我们走过人生的每一个阶段。

【生活悟语】

朋友代表着一种责任,代表着一种信任,做朋友要真心,不要用花言巧语去哄骗,而应该用真情和行动来帮助朋友,用最真诚的帮助增进彼此的友谊。

一人肚里没有计,三人肚里唱台戏

【老人言解析】

一个人的智慧是有限的,有时候个人的能力是无法胜任一些事情的,然而多人一起就能够获得成功。多人的力量是大于个人力量的,做任何事情合作总会比独自拼搏要简单轻松得多。

【人生应用:彼此合作共创双赢。】

成功之路漫长遥远,单靠个人的努力是不够的,要想快速达到成功的彼岸,就要学会与人合作,学会借力做事。学会与人合作是事业成功的重要保证。当一个人刚开始创业的时候,不可能马上组织一个大的公司或是大的团体,面对恶劣的创业环境和激烈的市场竞争,一个人的力量总是渺小的,你可能有技术而没有好的项目,你也可能有好的项目而没有资金,你还可能懂经营会管理而没有资金、技术和项目,总之,一个人干不成的事就要与别人合作干。因此,对于创业者来说,学会与人合作就显得特别重要了。

从前,有两个饥饿的人得到了一位长者的帮助:一根鱼竿和一篓鱼。一个人要了一篓鱼,一个人要了鱼竿。之后他们分道扬镳了。得到鱼的人迫不及待地在原地用干柴煮起了鱼,他狼吞虎咽,来不及品尝香味,就吃光了。不久,他便饿死在空空的鱼篓旁。另一个人则提着鱼竿,继续忍饥挨饿,一步一步艰难地向海边走去,可当他已经看到了不远处那片蓝色的大海时,最后一丝力气也用完了,他只能眼巴巴地抱着无尽的遗憾死去了。他们两个人的死是因为不懂得合作。

又有两个饥饿的人,他们得到了长者同样的帮助。不同的是他们没有各奔东西,而是共同去寻找大海。行程中,他们每次只煮一条鱼,经过长途跋涉,终于来到了海边。从此,两个人开始了捕鱼为生的日子。几年后,他们各自盖起了房子,有了各自的家庭和子女,有了自己的渔船,过上了幸福安康的生活。他们两个人活下来是因为懂得合作的重要。

尚学录是一家企业的业务员,他并没有什么学历和资金,但他有善于企划的能力。有一天,他接到另一家公司寄来的商品目录,其中有一种新上市的羊毛纺织机器。对于新机械,他比别人内行,直觉告诉他这是一个良机。他立即详细调查了当地的羊毛纺织机器。他了解到应用这种新机器生产成本大约可降低三分之二,而且生产效益可成倍增长。但是,他并没有向当地人推销这种机器,而是带着这项新产品的目录和经营纺织工厂的新构想,去找一位富翁林伯熊。林先生对纺织业一窍不通,但看过尚学录的企划说明之后,也感到这是一个不错的主意。他立即同意开一家纺织工厂,并进口四部机器,请尚学录当总经理。尚学录从原来默默无闻的业务员,摇身一变成为大工厂的经营者。他的成功之道便是与成功者合作,借助成功者的力量来实现自己的梦想。这也是通向成功的一条捷径。

与人合作是一门艺术,处理得好,便会走向成功,处理不好不但会产生烦恼而且还有可能一败涂地。想要搞好与人合作共同创业问题,首先,要选好合作伙伴,一定要选那些品行端正、操守高洁,又具有一定业务素质的人为合作伙伴。其次,要以诚相待,互相尊重,因为合作双方最忌讳的就是互相斗心眼,既然是合作伙伴,就是一损俱损,一荣俱荣。再次,要本着公平公正的原则,做好合作协议条款,然后大家共同遵守。最后,需要我们胸怀大度,求同存异,在合作过程中,必然会出现意见分歧,这时就需要我们互相谦让,共同努力。

合作成功的范例并不少见,因为合作成功而发展起来成为大企业家、大老板的人也不少。同时，也有合作失败的，我们要吸取那些合作失败者的教训。

【生活悟语】

合作是人与人交往不可缺少的。大多数情况下，靠一个人的力量是无法获得成功的。所以，我们一定要懂得与人合作，集合众人的能力和智慧，为自己开辟一条康庄大道。

老人言

人心换人心，八两换半斤

【老人言解析】

用人心来换人心，用八两来换半斤（古时候一斤是十六两）。这句老人言就是告诉我们要公平处世，想要获得他人的认可和信任，就需要先认可和信任对方，用自己的真心去换对方的真心。

【人生应用：用人情换人情，用真心去换真心。】

孟子曰："爱人者，人恒爱之；敬人者，人恒敬之。"我们与人相处要真心相交，你如果时刻考虑的只是自身利益得失，从不顾及他人的感受，那么得到的可能多半是别人的冷漠和无情。只有懂得关心他人、体谅他人、尊重他人，做事时为对方留下足够的空间和余地的人，才能在生活中获取更大的成功。

很多人可能都知道这么一句话："儿媳毕竟不是婆婆生的。"其言外之意是："婆婆无论如何也比不上自己的亲妈。"这句话有一定的道理，可也不应该绝对化。其实，如果我们能够像女儿对待自己的母亲一样对待婆婆，你就会发现婆婆也会像对待女儿一样对待自己的儿媳。

有这样一个故事。婆婆思想进步，明辨是非，通情达理，是典型的女强人。平时对儿女要求也很严格。有一次婆婆过生日，其中的一个儿媳买了个特大的蛋糕，带着婆婆和亲朋好友来到饭店。儿媳把蛋糕摆好，点上蜡烛，等婆婆许完愿，就让她老人家切蛋糕。

小孩子们都不住地喊着："奶奶，快切蛋糕呀！奶奶，快切蛋糕呀！"婆婆笑呵呵地、小心翼翼地把蛋糕上的三朵花切下来，放到了盘子上，然后说："不要急，这三朵花给我的三个儿媳妇。"

三个儿媳快速站起身，连忙说："谢谢妈妈，妈妈还是您吃吧。"婆婆将蛋糕送到三个儿媳的手里，一定要求三个儿媳先吃。三个儿媳接过蛋糕笑着说："祝妈妈生日快乐！"婆婆坐下，不慌不忙地说："你们三个是有功之臣，不但帮我照顾好了我的儿子，还把孩子教育得这样懂事，对我的关心更是没的说。谁见我都说我好福气，有这样好的儿媳……"没有等婆婆说完，其中一个儿媳接过话茬说："妈妈，快别这样说，这都是您老这个榜样做得好。您待我们不也像是自己的女儿吗？我们有什么理由不好好孝敬您呢？"

人生在世，待人处世是门大学问，不敢相信一个高傲冷漠无情的人，会有自己的朋友，会得到别人的支持，会得到上司的赏识，会得到下属的拥戴。一个人待人以诚，用人以信，结下了好的人缘，办起事来才会顺风顺水，需要用人的时候，一呼才能百应。

林肯说："如果我们能把所有的敌人变成朋友，这难道不是说我们消灭了所有的敌人吗？"孙武说："不战而屈人之兵。"这些话都揭示了一个道理，你把竞争对手变成自己的合作伙伴，实现了双赢，这自然是最好地利用了对方的力量，减少了对自己的威胁，增强了自己的实力。社会交往，不懂得待人以诚，会陷自己于孤立。当你建立了良好的人际关系，做什么事都方便，都有人助。

常言道："患难见真情。"但人与人没有患难就没有真情吗？或者去等待患难的机会建立感情？其实友谊与关爱体现于生活中每一个平常的日子。在日常琐事上，也可以看出你对人的态度是友善还是冷漠。

在生活中，大事不多，小事不少，你想从小事上体现对他人的关怀，随时可以如愿。由于小事不易记住，你在一些不经意的小事上展示你的诚意，别人意外之余，会有一种真心的感动。人与人相处，需要通过一定的方式来维系关系。也许由于工作繁忙，你不会有很多时间与每一位朋友、上司或下属保持经常性的联系。那么，久不联系，

101

关系自然就疏远了。假如你重视人际交往的话，就得经常抽出一点时间，打个电话，写封邮件，发个短信，给他们一个真诚的问候，使联系不至于中断，并表示你还把他们放在心上。

将心比心，知易行难。在社会生活中，我们对待亲人需要真心，对待朋友更需要人心换人心。我们只要对朋友多一份尊重，对同事多一分理解，对亲友多一份关心，对家人多一份温馨，就会使人与人之间多一分和谐，多一些宽容和理解，少一些计较和猜疑。

【生活悟语】

朋友不是我们随随便便付出就能够交到的，想要交到真正的朋友，就需要我们真心对待他人，只有用人心换人心，才能够获得真正的友谊。

第4章

人间性情：
洞察人性，独具慧眼获成功

千里送鹅毛，礼轻情意重

【老人言解析】

跨越千里送一片鹅毛，虽然礼物很小，很不起眼，但是情意却是最重的。礼物有价，情义无价，即使礼物轻微，只要是真情，那么就足够厚重。

【人生应用：送礼送的是人情，不在于礼物的轻重。】

每逢过节或拜谢等，人们总喜欢互赠礼物，这是一种交流情谊的方式。其实送礼很多时候并不是为了展现礼物的商业价值，而是强调礼物的意义和送礼所传递的真情真意。

贞观年间，云南土司缅氏是大唐的藩国。相传有一次，缅氏为了表示对大唐的友好，便派使者缅伯高带了一批奇珍异宝去拜见大唐皇帝。在这批贡物中，最珍贵的要数一只罕见的珍禽白天鹅。

缅伯高最担心的也是这只白天鹅，万一有个三长两短，可怎么交代呢？所以，一路上，他亲自喂水喂食，一刻也不敢怠慢。

这天，缅伯高来到沔阳河边，只见白天鹅伸长脖子，张着嘴巴，吃力地喘息着，缅伯高心中不忍，便打开笼子，把白天鹅带到水边让它喝了个痛快。谁知白天鹅喝足了水，合颈扇着翅膀，缅伯高看到天鹅要飞走，赶紧向前一扑，却只拔下几根天鹅羽毛，没能抓住白天鹅，只能眼睁睁看着它"扑喇喇"一声飞得无影无踪。

缅伯高捧着几根雪白的鹅毛，直愣愣地发呆，脑子里来来回回地

老人言

想着一个问题:"怎么办？进贡吗？拿什么去见唐太宗呢？回去吗？又怎敢去见国王呢！"思前想后，缅伯高决定继续东行，他拿出一块洁白的绸子，小心翼翼地把鹅毛包好，又在绸子上题了一首诗:"将鹅贡唐朝，山高路远遥。沔阳湖失去，倒地哭号号。上复唐天子，可饶缅伯高？礼轻情意重，千里送鹅毛。"

缅伯高带着珠宝和鹅毛，披星戴月，不辞劳苦，不久就到了长安。唐太宗接见了缅伯高，缅伯高献上鹅毛。唐太宗看了那首诗，又听了缅伯高的诉说，非但没有怪罪他，反而觉得缅伯高忠诚老实，不辱使命，就安抚他说:"不错，千里送鹅毛，礼轻情意重！"并把天鹅毛当成贵重的礼品郑重地收了起来，还回赐了丝绸、茶叶、玉器、珍宝等中原特产，并留他在长安住了一段时间。

不管礼物的多少和贵贱，只要能够代表和展示送礼者的真挚情谊，那么就是一份好的礼物。送礼者和收礼者都需要彼此真情相待，礼物是一种情意的寄托物，不管它是否有足够的价值，它所代表的情意是实际的物品都无法替代的。

【生活悟语】

送礼没有固定模式：注重实用性的人会买实用的物品，如柔软温暖的衣服、帽子等；讲究生活情调的人会送香水等；而强调精神享受的人则会购买图书等；可能还会有人选择美丽的盆景花朵送人。其实礼物只要是我们精挑细选或是自己精心制作的，即使微不足道，也足够体现我们的情意，因为好的礼物，可以传递给对方温暖和情感。

浇树浇根，交友交心

【老人言解析】

给树浇水，要浇到深入树根的地方才有用；与人交往，要用心，真诚以对，才能交到真正的朋友。和人交朋友要从心出发，不能抱有功利心，真心真意不作假才能交到好朋友。

【人生应用：心的交流才是最重要的，交友更是如此。】

朋友之间的沟通应该是不带有任何功利心的，因为朋友的真谛就是要心灵沟通，真正的朋友关系不是靠利益来维系的，靠利益维系的朋友关系只能是人们口中所说的酒肉朋友。真正的友谊注重心灵交流，彼此心贴心才能做到友情深厚。

有一次，德国诗人海涅收到了一个友人的来信，当他拆开信封后，里面是厚厚的一沓白纸，一张紧紧包着一张，海涅拆开了一层又一层，到最后终于看到了最里面一张非常小的信纸，上面仅仅只有一句话："亲爱的海涅，我最近的身体很好，胃口大开，请君勿念。你的朋友路易。"

过了几个月，海涅的这位叫路易的朋友收到了海涅寄来的一个很大且很沉重的包裹，他不得不找人帮忙才将包裹抬进屋子里，打开一看竟然是一块大石头，上边只贴着一张小小的卡片，路易拿下来看到："亲爱的路易，得知你的身体无恙，我心上的石头终于落地了，今天特此寄过来，望请留下做纪念。"

可能我们看来这两位的行为都有些匪夷所思，但是这肯定是路易一生中最难忘的一封回信。他给海涅的信有些小题大做，而海涅给他的信却生动又形象，表示自己心中石头落地的轻松和愉悦。这不仅反映了两位朋友之间的情意，更体现了两人的随和与坦诚，让人能够感受到他们的真心和深厚友谊。

有一个老师曾经教过这样一个学生，这个学生幼年时父亲就遭遇车祸去世了，跟着户籍在外地的母亲和外婆生活，家中人都常年在外打工挣钱养家糊口，对于孩子的教育必然会少很多，也缺少很多关怀，孩子冬天只穿两件毛衣，文具盒里常常仅有两段铅笔头。刚上学时，老师就感觉到了这个孩子心里的沉重压力和心理问题。本来父亲去世是让人伤心的，可是这个孩子却整天将这件事挂在嘴边，当成普通事，得意扬扬地向老师和学生诉说，生怕别人不知道。

过了一段时间有学生反映，这个孩子常常去翻别的孩子的书包，甚至还把一个同学的胶水扔到了厕所，当时老师听了很生气，在众人面前批评了他，却没有询问他为什么这么做。

又过了一段时间，这个孩子竟然开始拿别人的东西，虽然都是小东西，而且都扔掉了，但是同样影响不好。老师恨铁不成钢，谈了很多次，教育了很多次，这个孩子还是那样。

终于有一天，老师想到"浇树浇根，交人交心"这句话，开始心态平和地和这个孩子交流，才知道这个孩子只是想引起他人的注意，也是因为其他同学不和他做朋友，他才这么做的。老师意识到自己做得不够，之前根本没有和这个孩子真心交流。于是从这时开始就常找孩子谈心，并找到孩子的母亲交流，慢慢地将孩子的自信找了回来。

与人交往，不一定要找那些身份高贵、家境富足的人做朋友，而是要和自己志同道合的人交朋友，这才能够使人感到世界的美好。雪中送炭的朋友能够使人感到心暖如春天，而耿直严谨的朋友能够使人时刻警醒。只有用心交到的朋友才是最有益的。

【生活悟语】

朋友是需要相互扶持的，不是为了长脸面的，只有真心交友才能够有所收获。

第4章 人间性情：洞察人性，独具慧眼获成功

老人言

入山不怕伤人虎，只怕人情两面刀

【老人言解析】

人走在深山老林中，不怕被老虎伤害，怕的是人，怕人的两面性。身体发肤的伤害可以恢复，只是时间早晚的问题，可是心灵受伤后，却很难恢复，属于一辈子的痛楚。

【人生应用：知人知面难知心，人情冷暖要自知。】

在人生的漫漫旅途中，我们会遭遇各种艰难险阻，然而，有一种危险常常被我们忽视，那便是某些人的两面三刀。正如俗语所说："入山不怕伤人虎，只怕人情两面刀。"

曾经听闻这样一个故事。在一个小镇上，有两个从小一起长大的好友，阿强和阿明。他们一起上学，一起玩耍，感情十分深厚。成年后，阿强选择了从商，经过多年的打拼，生意做得风生水起。而阿明则在一家小公司里默默工作，生活平淡。

有一天，阿明找到阿强，说自己想创业，但是资金不足，希望阿强能借给他一笔钱。阿强二话不说，慷慨地拿出一大笔钱支持阿明。阿明感激涕零，发誓一定会尽快还钱。

起初，阿明的创业还算顺利，公司渐渐有了起色。然而，随着市场的变化，阿明的公司遭遇了严重的危机。为了挽救公司，阿明开始不择手段。他一方面继续向阿强诉苦，请求宽限还钱的时间；另一方面，却在背后说阿强的坏话，诋毁他的生意，试图破坏阿强的声誉。

阿强起初并不相信这些传言，但随着越来越多的人在他面前提起，他开始感到疑惑。当他亲自找阿明求证时，阿明却矢口否认，还装出一副委屈的样子。阿强感到十分痛心，他怎么也没想到，自己多年的好友竟然会这样对待自己。

最终，阿明的公司还是倒闭了，他也消失得无影无踪，欠下阿强的钱也没有还。阿强不仅损失了钱财，更失去了一位曾经视为兄弟的朋友。这个故事让人唏嘘不已，阿明的两面三刀不仅伤害了阿强的感情，也毁掉了他们之间多年的友谊。

在古代，也有类似的故事。唐玄宗时期，安禄山深受唐玄宗的宠信。他表面上对唐玄宗忠心耿耿，阿谀奉承，背地里却野心勃勃，密谋造反。安禄山凭借着自己的伪装，蒙蔽了唐玄宗的双眼，最终发动了安史之乱，给唐朝带来了巨大的灾难。

人情的两面三刀，其危害之大，可见一斑。它不像伤人的老虎那样直接露出獠牙，让人有所防备，而是隐藏在微笑和甜言蜜语背后，在人毫无防备的时候给人致命一击。这种伤害，不仅是物质上的损失，更是心灵上的创伤，让人对人性产生怀疑，对世界失去信任。

话又说回来，这样的人和事，只是少数，我们不能因此而变得冷漠和封闭。我们要学会分辨真假，看清那些人前一套背后一套的人；同时，也要坚守自己的内心，做一个真诚、正直的人。

在生活中，我们要珍惜那些真心对待我们的人，与他们建立深厚的友谊和信任。对于那些可能存在两面三刀行为的人，我们要保持警惕，但也不要轻易地去怀疑和否定别人。毕竟，大多数人还是善良和真诚的。

总之，知人知面难知心，人情冷暖要自知，在人际交往中要谨慎小心，不要被表面的现象所迷惑，要用心去感受和判断一个人的真实面目。只有这样，我们才能在复杂的人情世界中保护自己，避免受到不必要的伤害，同时也能以真诚的心去对待他人，营造一个温暖、和谐的人际关系环境。

老人言

【生活悟语】

　　社会中什么样的人都有，若想做到少受伤害，就要少去伤害别人。人情的两面性是每个人都无法预估的，只要我们做到问心无愧，自然能够带给自己一片晴朗的天空。

船载千斤，掌舵一人

【老人言解析】

船可以承载千斤重量，但是掌握大船前进方向的只需一个人即可。不管是企业还是其他组织，把握方向的都是关键人物，如领导人、决策人等。我们在做事时，需要有这样的眼光及时发现关键问题，这样才能事半功倍。

【人生应用：擒贼先擒王，想要发展关键人物最重要。】

一个人如果没有脊梁，就不会站立行走；一个企业要生存、要发展，决策层的思想素质、业务素质和文化素质都要达到一定的高度。

而在社会上想要迅速立足，就要懂得抓重点，这样才能够成为真正的人才。有一位表演大师上场前，他的弟子告诉他鞋带松了。大师点头致谢，蹲下来仔细系好。等到弟子转身后，又蹲下来将鞋带解松。有个旁观者看到了这一切，不解地问："大师，您为什么又要将鞋带解松呢？"大师回答道："因为我饰演的是一位劳累的旅者，长途跋涉让他的鞋带松开，可以通过这个细节表现他的劳累憔悴。""那你为什么不直接告诉你的弟子呢？""他能细心地发现我的鞋带松了，并且热心地告诉我，我一定要保护他这种热情的积极性，及时地给他鼓励。至于为什么要将鞋带解开，将来会有更多的机会教他表演，可以下次再说。"

其实学生所看到的正是最关键的东西，不管大师是饰演旅者，还

老人言

是打算用这个方式来考验学生,都证明了学生已经学会了抓关键,相信当他再次发现大师的鞋带开了,会思考为什么,然后逐渐成为一个懂得思考和抓住重点的人才。

一只鸽子老是不断地搬家,因为它觉得,每次新窝住了没多久,窝里就有一种浓烈的怪味,让它喘不上气来,不得已只好一直搬家。它觉得很困扰,就跟一只经验丰富的老鸽子诉苦。老鸽子说:"你搬了这么多次家根本没有用,因为那种让你困扰的怪味并不是从窝里面发出来的,而是你自己身上的味道啊!"

小鸽子就是没有抓住关键,它所闻到的怪味并不是窝里的,因此即使它不断搬家也无法消除怪味的侵扰。这就像现实社会中有些人会不断埋怨别人的过错,指责别人的缺点一样,他们觉得周围的环境和人处处跟自己作对;或者是认为自己"曲高和寡",一般人无法理解自己丰富而深刻的思想。实际上,他们没有意识到真正的问题不是来自周围,而是来自他们自己。

像这样的人,必须试着认清自己,试着认真而深刻地反省自己。而一个组织也没必要为了失掉这样一只"鸽子"而遗憾。越来越多的研究显示,领导能力不是天生的,人们完全可以通过后天的努力获得这种能力。因此,领导者要想成功地改变员工,首先就必须改变自己的领导特质。

对领导者而言,出色的管理能力仍然是必需的。领导者拥有管理能力,不是为了控制和命令员工,而是为了支持、帮助员工进步与成长。

在这个竞争激烈的时代,公司高层与其苦苦追寻"先进"的管理方法与手段,不如将眼光放长远,锁定员工的才智与热情,这是公司取之不尽的宝藏,公司必须找到适当的途径将其释放出来。实现这个目标的唯一途径,就是让管理从控制员工,转为相信员工潜力、鼓舞员工热情。

【生活悟语】

人生就如驾船航行，要想航船平稳迅捷，就要做好舵手，因为只有舵手才是最重要的。船上的货物多少并不能过多影响船的性能，更多的还是关键的掌舵者——做好掌舵者，掌控自己的船。

老人言

打柴问樵夫，驶船问艄公

【老人言解析】

想要打柴就要找有经验的樵夫来询问技巧，想要驾船就要找有经验的艄公来学习。当我们接触一个陌生的领域时，自己不够了解，就要问在这个领域中有经验的人，这样才能够节省时间，提升效率。

【人生应用：人无全能，别在陌生的领域逞能。】

不管是做人还是做事，我们不可能在任何方面都得心应手，关键时刻还是需要他人的帮助的。寻求帮助就要有眼光，找到那个行业有经验的人来帮助，这样才能节省我们的时间和精力。

小李是一个充满自信和冲劲的年轻人，在自己的工作领域里也取得了不错的成绩。这让他逐渐产生了一种"无所不能"的错觉。

有一次，小李看到朋友投资房地产赚了不少钱，心动不已。他觉得自己这么聪明，投资房地产肯定也不在话下。于是，他没有经过深入的市场调研和专业咨询，就贸然把自己多年的积蓄投入到了一个看似前景美好的房地产项目中。

然而，房地产市场远比他想象的复杂。他不了解当地的政策法规，不清楚房地产项目的潜在风险，更不懂得如何评估房地产的真实价值。结果，这个项目因为种种问题陷入了困境，小李的投资也面临着巨大的损失。

此时的小李，才开始意识到自己的鲁莽和无知。他试图独自解决问题，却发现自己在这个陌生的领域里根本无能为力。

无奈之下，小李只好向一位在房地产投资领域有着丰富经验的前辈请教。前辈听完他的情况后，摇了摇头说："你啊，太冲动了。在不熟悉的领域里，没有足够的知识和经验，怎么能轻易投入这么多呢？"

随后，前辈耐心地给他分析了市场形势，讲解了相关的政策法规，还传授了一些评估房地产项目的技巧和方法。在前辈的帮助下，小李虽然没有完全挽回损失，但也避免了更大的危机。

经过这次挫折，小李深刻地认识到了自己的错误。他明白了人并不是万能的，不能在陌生的领域盲目逞能。

还有一位叫老王的中年人，他在一家公司担任中层管理职务。公司为了拓展业务，决定开展一项新的互联网项目。老王觉得这是一个展现自己能力的好机会，主动请缨负责这个项目。

虽然老王在管理方面有一定的经验，但对于互联网技术和市场运营却知之甚少。他凭借着自己的主观判断和有限的了解，做出了一系列错误的决策。

项目进展得非常不顺利，团队成员也对他的领导能力产生了质疑。老王感到压力巨大，却又不知道该如何扭转局面。

就在他焦头烂额的时候，公司决定请来一位互联网行业的专家来指导工作。专家一到，很快就发现了项目中存在的诸多问题，并提出了一系列切实可行的解决方案。

在专家的帮助下，项目逐渐走上了正轨，老王也从中学到了很多互联网领域的知识和经验。

通过这些经历，老王明白了在陌生的领域，必须保持谦逊，不能盲目自信，要懂得借助专业人士的力量。

在生活中，我们每个人都可能像小李和老王一样，面对新的机会和挑战时，容易高估自己的能力。但我们要时刻记住，在陌生的领域逞能往往会带来不必要的损失和麻烦。只有保持清醒的认识，虚心学

老人言

习，做到"打柴问樵夫，驶船问艄公"，我们才能在人生的道路上走得更稳、更远。

【生活悟语】

经验是指导我们快速前进的最佳指引，及时发现那些有经验的人，这样才能够站在巨人的肩膀上快速攀上高峰。

路遥知马力，日久见人心

【老人言解析】

跑的路途遥远才能知道马的脚力，时间长了才能看出人心的本质。这句话就是说时间是检验人心的最好办法。

【人生应用：患难才能见真情，时间才能验真心。】

在历史的长河中，无数的故事如璀璨星辰般闪耀，向我们诉说着人性的光辉与丑恶，友情的真挚与虚伪。而"路遥知马力，日久见人心"这一道理，更是在这些故事中得到了深刻的印证。

故事一：羊左之交

战国时期，有羊角哀与左伯桃二人，相识于去楚国求官的途中。当时，天气寒冷，且干粮不足，两人的处境十分艰难。左伯桃深知这样下去两人都可能会冻饿而死，于是他便把自己的衣服和干粮都留给了羊角哀，说："我身体不如你强壮，你带着这些东西去楚国吧，我宁愿死在这里，也不能拖累你。"羊角哀坚决不肯，但左伯桃心意已决，最终羊角哀只能含泪离去。

羊角哀到了楚国后，凭借自己的才能得到了楚王的赏识，被封为上大夫。然而，他心中始终挂念着已死的左伯桃，于是他向楚王说明了情况，请求回去安葬左伯桃。楚王被他们的友情所感动，答应了他的请求。羊角哀厚葬了左伯桃，然后羊角哀自杀殉义。

他们的友情，在生死面前，显得如此坚定和无私。左伯桃为了朋友能够活下去，毫不犹豫地牺牲自己；羊角哀在功成名就后，也没有忘记朋友的恩情，为了回报朋友的情义舍弃生命。这种生死与共的情谊，历经了患难的考验，也经受住了时间的洗礼，成了千古传颂的佳话。

故事二：范式张劭

东汉时期，范式与张劭在太学相识，两人志趣相投，结为好友。学业结束后，他们各自回乡。分别时，范式对张劭说："两年后我会去拜访你和你的家人，我们不见不散。"张劭十分高兴地答应了。

两年的时间转瞬即逝，约定的日子渐渐临近。张劭把这件事告诉了母亲，并让母亲准备好酒菜招待范式。母亲有些担心地说："都已经两年了，而且相隔那么远，他可能不会来了吧！"张劭却坚定地说："范式是个守信用的人，他一定会来的。"果然，到了约定的那天，范式如期而至。两人相见，十分欢喜，畅饮交谈，情谊更加深厚。

后来，张劭病重，临终前他对家人说："我死后，如果范式没有来，不要下葬。"不久，范式得知张劭死讯，立刻向太守请假，快马加鞭地赶往张劭家。当他赶到时，张劭的灵柩还未下葬。范式悲痛欲绝，亲自为张劭牵引灵车，送他最后一程。他们的友情，没有因为时间和距离而褪色，反而在一次次的坚守中愈发珍贵。范式用行动证明了自己的真心，即使面对生死离别，也依然坚守着那份对朋友的承诺。这种经过时间考验的真心，让人感动不已，也让我们看到了友情的力量是如此强大。

以上的历史故事告诉我们，患难是检验真情的试金石，时间是验证真心的过滤器。在顺境中，我们可能会有很多朋友，但在患难时刻，真正能留在我们身边，给予我们帮助和支持的人，才是真正的朋友。而那些经得起时间考验的友情，更是值得我们倍加珍惜。

在现实生活中，我们也会遇到各种各样的人和事。当我们面临困难时，不要轻易放弃对友情的信念，要相信那些真正的朋友会在我们最需要的时候出现。同时，我们自己也要做一个真诚的人，用真心去对待朋友，在时间的长河中，坚守那份珍贵的情谊。

总而言之，无论是羊左之交的生死相随，还是范式张劭的信守承诺，它们都如同一座座灯塔，照亮了我们前行的道路，让我们明白在这个纷繁复杂的世界里，真情和真心是如此的珍贵，值得我们用一生去追求和守护。

【生活悟语】

时间是验证友谊和情感的最佳工具，真的朋友从来不怕任何考验，真心是不怕长时间跨度和困难挫折阻拦的。

老人言

苍蝇不叮无缝的蛋

【老人言解析】

鸡蛋裂缝后就很容易坏掉，即使不坏掉，气味散发出来也容易招来苍蝇。没有平白无故出现的事情，任何事情的发生都是有原因的，当出现问题和矛盾的时候，不能一味抱怨客观原因，而应该从我们自身去寻找原因，发现不足，从而完善自我。

【人生应用：任何失败结果的出现都有其原因，凡事应多从自身找原因。】

众所周知，人生不可避免地会遭遇失败。当失败来临时，人们往往容易陷入沮丧、抱怨的情绪中，将责任归咎于外部因素，如运气不佳、环境恶劣、他人的过错等。不过，正如"苍蝇不叮无缝蛋"这句老人言所揭示的，任何失败结果的背后都存在着一定的原因，而我们自身往往是这些原因的关键所在。只有深刻认识到这一点，并勇于从自身找原因，我们才能真正从失败中汲取教训，实现成长与进步。

先来看一则小故事：

小李怀揣着创业梦想，毅然辞去了稳定的工作，投身于竞争激烈的互联网行业。他凭借着自己的一腔热情和一些初步的市场调研，成立了一家专注于线上教育的公司。在创业初期，小李信心满满，认为自己抓住了市场，公司一定会迅速崛起。

然而，现实却给了他沉重的打击。公司在运营了一段时间后，不仅没有实现盈利，反而陷入了资金短缺、用户流失的困境，最终不得不宣布倒闭。面对这一失败的结果，小李起初感到无比的困惑和沮丧，他将原因归结为市场竞争太激烈，以及团队成员不够给力等外部因素。

但在经历了一段时间的冷静后，小李认真反思自己在创业过程中的种种决策和行为。他意识到，自己在创业之前虽然做了市场调研，但调研不够深入全面，对市场的变化趋势和潜在风险缺乏准确的预判。在公司的运营管理上，他也存在诸多问题。例如，他过于注重产品的开发，而忽视了市场营销和用户体验的重要性，导致产品推出后市场认可度不高；在团队建设方面，他没有建立有效的沟通机制和激励制度，团队成员之间协作不畅，积极性不高。

此外，小李还发现自己在面对困难和挑战时，缺乏坚定的信念和果断的决策能力，常常犹豫不决，错失了许多宝贵的机会。通过对自身问题的深刻剖析，小李明白了创业失败并非偶然，而是自己在多个方面的不足所导致的。这次失败的经历让他成长了许多，他决定重新审视自己，积累经验和知识，为未来的再次创业做好充分准备。

再来看另一则故事：

小张是一名高三学生，平时学习成绩一直处于班级中等水平。在高考前的几次模拟考试中，他的成绩有所波动，但他并没有太在意，认为只是一时的发挥失常。然而，在最终的高考中，他却遭遇了滑铁卢，成绩远远低于自己的预期，只能报考一所普通的大学。

考试失利后，小张陷入了深深的自责和痛苦之中。他开始抱怨高考题目太难，考场环境不好，自己运气太差等。但在老师和家长的引导下，他逐渐冷静下来，开始反思自己在学习过程中的问题。

他发现自己在学习方法上存在很大的问题。他平时只是机械地完成老师布置的作业，没有主动进行知识的归纳和总结，缺乏系统性的学习计划。而且，他在学习上存在偏科现象，对自己擅长的科目过于自信，不肯深入钻研，而对薄弱科目则采取逃避的态度，导致整体成绩不平衡。

老人言

　　此外,小张在备考过程中也没有调整好自己的心态,过于紧张和焦虑,影响了考试时的发挥。他意识到,自己的考试失利并非完全是外部因素造成的,更多的是自身在学习态度、方法和心态上的问题。通过这次失败,小张明白了只有正视自己的不足,努力改进,才能在未来的学习和生活中取得更好的成绩。

　　以上的故事告诉我们:当我们面对失败的结果时,不要轻易地将责任推卸给外部因素,而应该勇敢地面对自己,深入剖析自身存在的问题。因为只有从自身找原因,我们才能真正找到解决问题的方法,避免在未来的道路上再次犯同样的错误。

　　正所谓"苍蝇不叮无缝的蛋",我们要以积极的心态看待失败,将其视为一次自我成长的契机。在失败中,我们要学会反思自己的行为、态度和决策,找出其中的不足之处,并努力加以改进。

【生活悟语】

　　时时反省自己,时时审视自己,寻找自己的缺陷,只有这样才能避免错误太多——不要放任缝隙增大,而应该尽力去弥补。

不打不成交

【老人言解析】

这句老人言又称"不打不相识",就是说本来双方并无交集、并不认识,但是经过相互竞争或交手后,有了交情就成了朋友。这告诉我们,朋友相交靠的是惺惺相惜,在我们认识的人中不一定有志同道合的朋友,但是对手却可能成为我们最应该珍惜的朋友。

【人生应用:交朋友的方式并不一定都是温和的,有时相互交手后的友谊更珍贵。】

历史上,很多人都是通过交手才最终成为朋友的。比如,棋友之间的以棋会友,诗人之间的以诗会友,武林人物的切磋武艺,都是通过不同方式的交手才最终确定朋友关系。

其实人与人相处,难免会因为某些矛盾和挫折彼此敌对,但是很多时候大家都能够求同存异,最终成为好朋友。

在科学的浩瀚星空中,有无数璀璨的明星闪耀着智慧的光芒。英国物理学家詹姆斯·普雷斯科特·焦耳和威廉·汤姆孙(开尔文男爵)便是其中两颗耀眼的星辰。他们的故事,充满了曲折与传奇,生动地演绎了一段"不打不成交"的精彩篇章。

詹姆斯·普雷斯科特·焦耳,一位对科学执着追求的勇士。他出生于一个普通的家庭,但从小就展现出对自然现象的强烈好奇心。在那个科学探索的黄金时代,焦耳凭借着自己的勤奋和聪慧,逐渐在物理学领域崭露头角。

　　焦耳最为人所熟知的成就，便是对能量守恒和转化定律的深入研究。他通过一系列艰苦的实验，试图揭示热与功之间的关系。在简陋的实验室中，焦耳不知疲倦地进行着各种尝试。他设计了精巧的实验装置，测量热功当量，以确凿的数据证明能量在不同形式之间可以相互转化。然而，在他的研究初期，焦耳的成果并未得到广泛的认可。当时的科学界，传统观念根深蒂固，许多人对他的新理论持怀疑态度。但焦耳并没有因此而气馁，他坚信自己的实验结果，继续顽强地探索着真理的道路。

　　与此同时，威廉·汤姆孙，这位后来被尊称为开尔文男爵的杰出物理学家，也在自己的科学征程上大步前行。汤姆孙出生于一个贵族家庭，从小就接受了良好的教育。他天赋异禀，思维敏捷，在物理学的多个领域都展现出了非凡的才华。

　　汤姆孙在热力学、电磁学等方面的研究成果斐然。他对热力学第二定律的发展做出了重要贡献，提出了绝对零度的概念，为物理学的理论体系构建了坚实的框架。在当时的科学界，汤姆孙享有很高的声誉，他的观点和理论被广泛接受和推崇。

　　然而，正是这样两位在物理学领域有着卓越成就的人物，一开始却并非志同道合的伙伴，甚至可以说是站在了对立的两端。

　　焦耳的能量守恒和转化定律与汤姆孙所秉持的传统热力学观点产生了激烈的冲突。汤姆孙最初对焦耳的理论持怀疑态度，认为焦耳的实验结果存在误差，他无法接受能量可以在不同形式之间如此自由地转化。而焦耳则坚信自己的实验是准确无误的，他对汤姆孙的质疑感到不满。两人在学术会议上多次发生争论，言辞激烈，气氛紧张。他们的争论引起了科学界的广泛关注，许多人都在观望这场科学论战的结果。

　　但正是这场激烈的争论，成了他们相识的契机。在争论的过程中，他们逐渐了解到对方对科学的执着和认真。虽然观点不同，但他们都有着对真理的不懈追求。这种共同的品质，让他们在彼此的心中留下了深刻的印象。

随着时间的推移，科学的发展不断向前推进。越来越多的实验结果开始支持焦耳的理论，能量守恒和转化定律逐渐被科学界所接受。汤姆孙也开始重新审视焦耳的研究成果，他以严谨的科学态度，仔细分析了焦耳的实验数据和理论推导。渐渐地，他发现了焦耳理论的合理性和重要性。

汤姆孙放下了自己的偏见，主动与焦耳进行交流。他坦诚地承认了自己之前的错误，并对焦耳的研究成果表示赞赏。焦耳也被汤姆孙的真诚所打动，他感受到了汤姆孙对科学的敬畏和追求真理的决心。两人开始频繁地交流和讨论，分享彼此的研究心得和体会。

在交流的过程中，他们发现彼此有着许多共同的兴趣和目标。他们都渴望深入探索自然的奥秘，推动物理学的发展。于是，他们决定携手合作，共同开展科学研究。

焦耳和汤姆孙的合作，成了科学界的一段佳话。他们相互启发，相互补充，共同攻克了一个又一个科学难题。他们的研究成果不仅为热力学的发展做出了巨大贡献，也为后来的科学研究奠定了坚实的基础。

【生活悟语】

相互竞争的过程也是一个彼此了解的过程，真正了解我们的人不一定是身边的熟人，还有可能是竞争对手，甚至是敌人。

老人言

背靠大树好乘凉

【老人言解析】

背靠大树才能得到树荫乘凉。在社会上行事，如果有人为我们提供帮助，那么办起事来就会异常轻松。

【人生应用：树冠有荫好乘凉，行事有帮手好办事。】

在人生的漫漫旅途上，我们每个人都会领悟到"背靠大树好乘凉"的深刻含义。这不仅是一种生活的智慧，更是一种处世的哲学。它形象地比喻了在我们追求目标和梦想的过程中，有得力的帮手如同大树般为我们提供支持和庇护，让我们能够更加顺利地前行。而"背靠大树好乘凉"也提醒着我们要善于借助他人的力量和优势，来实现自己的价值和目标。下面，让我们通过两个故事来深入体会这一道理。

故事一：

林晓是一个极具绘画天赋的年轻人，从小就对绘画展现出浓厚的兴趣。他在绘画的道路上不断努力学习，磨炼自己的技艺，但在绘画的道路上脱颖而出并非易事。

一次偶然的机会，林晓参加了一个艺术展览。在展览上，他的作品引起了一位知名画家陈老师的注意。陈老师在绘画界有着很高的声誉和广泛的人脉资源，他欣赏林晓的才华和潜力，决定帮助他。

陈老师邀请林晓参加自己的绘画工作室，与其他优秀的画家一起交流学习。在工作室里，林晓得到了陈老师的悉心指导，他的绘画技巧得到了进一步的提升。同时，通过陈老师的介绍，林晓结识了许多艺术评论家、收藏家以及画廊老板。这些人脉关系为林晓的作品提供了更多的展示机会。

在陈老师这棵"大树"的庇护下，林晓的绘画事业逐渐有了起色。他的作品开始在一些重要的艺术展览中展出，并受到了业内人士的好评。随着知名度的提高，他的作品也逐渐受到市场的认可，价格不断攀升。林晓深知自己的成功离不开陈老师的帮助，他也更加努力地创作，不断提升自己的艺术水平，以回报陈老师的知遇之恩。

这个故事告诉我们，对于有才华和梦想的人来说，遇到一个能够赏识自己并给予帮助的"大树"是多么重要。就像林晓，如果没有陈老师的支持和引导，他可能需要在艺术的道路上摸索更长的时间，甚至可能会因为缺乏机会而被埋没。而陈老师的帮助，让他能够更快地实现自己的价值，在绘画领域取得了不俗的成绩。

故事二：

王伟是一名充满激情的创业者，他有着一个独特的商业想法，想要在互联网领域打造一款创新的产品。然而，创业的道路充满了艰辛和挑战，他面临着资金短缺、技术难题、市场推广等一系列问题。

在一次创业交流活动中，王伟结识了一位成功的企业家李总。李总对王伟的项目产生了兴趣，他看到了王伟的执着和项目的潜力，决定投资他的公司，并为他提供一些宝贵的经验和建议。

有了李总的资金支持，王伟的公司得以顺利启动。李总还利用自己的人脉关系，为王伟介绍了一些优秀的技术人才和市场营销专家。在这些专业人士的帮助下，王伟的产品不断完善，市场推广也取得了良好的效果。

在公司发展的过程中，王伟遇到了许多困难和挫折，但每次他都能得到李总的鼓励和支持。李总不仅在业务上给予指导，还在精神上给予他鼓舞，让他始终保持着坚定的信心和勇气。

经过几年的努力，王伟的公司终于取得了巨大的成功，成了行业内的佼佼者。王伟感慨地说，如果没有李总这棵"大树"的依靠，他的创业之路可能早就夭折了。正是因为有了李总的帮助，他才能够在激烈的市场竞争中脱颖而出，实现自己的创业梦想。

这个故事充分说明了：在创业的道路上，有一个强大的帮手是多么关键。李总不仅为王伟提供了资金和人脉等实际的帮助，更重要的是，他给予了王伟信心和勇气，让王伟在面对困难时能够坚持不懈，最终取得成功。这也再次印证了"背靠大树好乘凉"的道理，告诉我们要善于借助他人的力量，来实现自己的创业目标。

通过以上这两个的故事，我们可以深刻地体会到"背靠大树好乘凉"的道理。

然而，我们也要明白，要想吸引到"大树"，自己首先要有一定的价值和潜力。就像故事中的林晓和王伟，他们都有着自己的优点和特长，正是这些闪光点吸引了他人的关注和帮助。同时，我们在得到帮助后，要懂得感恩和珍惜，努力提升自己，以回报他人的信任和支持。

此外，我们还要学会主动寻找和利用身边的资源和人脉，不要害怕向他人求助。有时候，一个小小的机会或者一次不经意的结识，都可能成为我们人生中的"大树"。我们要保持积极的心态，善于发现和把握这些机会，让自己在人生的道路上走得更加顺利。

【生活悟语】

虽然"背靠大树好乘凉"，但是我们也要有识别"大树"的能力，不能一味乱找，这样最终可能会得不偿失。

弹琴知音，谈话知心

【老人言解析】

通过听弹奏的琴声就能够知晓其中的心情含义，通过谈话就能够了解其中的意愿感情。真正的朋友是很难得的，如果有一个能够真正了解我们、理解我们的人，定然需要珍惜。

【人生应用：知音者难寻，知心者少有。】

春秋战国时期，有一个叫俞伯牙的人。俞伯牙是一个琴艺很好的人，他常面对着青山绿水快活地弹琴，以此来抒发他对这山山水水的热爱之情，不过很少有人能从他弹的曲子中听出他的心思来。

一天，一个叫钟子期的人路过这个山清水秀的地方。这如画的美景，让他的心也随着这叮咚响的泉水轻轻哼唱起来，就在这时，突然一阵优美的琴声飘到了他的耳畔。这仿佛来自天籁的声音可真好听啊，他被这美妙的琴声深深地吸引住了。这琴声是从哪儿传来的呢？钟子期循着声音找去，看到了正在专心致志地弹琴的俞伯牙。不知不觉地，他走到了俞伯牙的身后，全神贯注地听了起来……俞伯牙一曲刚弹完，钟子期便忘情地叫起好来："弹得好！弹得可真好啊！"听到这叫好声，俞伯牙一惊：在这人迹罕至的幽静之地，有谁还会到这儿来呢？当他回头看到身后站着的是一位举止不凡的儒雅之士时，赶忙起身施礼。互通姓名之后，俞伯牙请钟子期落座深谈。慢慢地，两个人便成了好朋友。

从此，钟子期便经常来这儿听俞伯牙弹琴。俞伯牙弹琴的时候，想着要登高山，钟子期便高兴地说："善哉，峨峨兮若泰山！"伯牙又想着流水，钟子期便又说："善哉，洋洋兮若江河！"俞伯牙每次想到什么，钟子期都能从琴声中领会到俞伯牙的所想。"伯牙所念，子期心明"，真可谓心有灵犀一点通。

有一次，二人一起去泰山的北面游玩。游兴正浓的时候，天上突然下起了暴雨。他们就赶忙跑到山岩下面去避雨休息。俞伯牙心感悲凉，于是，便拿过来带着的琴弹起来。开始，他弹出的是绵绵细雨的声音，后来感情更加投入，他又弹出了大山崩裂的声音。每弹一曲，钟子期都能立即说出乐曲的深意，伯牙于是放下琴说："你听音乐真是高明呀，把我心中所想的都说出来了。"但好景不长，没过多久，钟子期就病故了。知音走了，伯牙心里非常悲伤。他把琴摔破，把琴弦也扯断，从此再也不弹琴了。因为他觉得世界上再也没有像钟子期那样的知音值得自己为他弹琴了。

这就是流传了千百年的高山流水，弹琴知音的故事。两个人只有彼此理解，才有可能心有灵犀，我们在社会中交朋友更是如此，真正的知心朋友定然能够从彼此的一言一行中明了彼此的心事，这才是真正的知音。

一百多年前，德国音乐家贝多芬谱写了许多著名的曲子。其中有一首著名的钢琴曲叫《月光奏鸣曲》，传说就是贝多芬为一位知音所谱写的。

有一年秋天，贝多芬去各地旅行演出，来到莱茵河边的一个小镇上。一天夜晚，他在幽静的小路上散步，听到断断续续的钢琴声从一所茅屋里传出来，弹的正是他的曲子。

贝多芬走近茅屋，琴声忽然停了，屋子里有人在谈话。一个姑娘说："这首曲子多难弹啊！我只听别人弹过几遍，总是记不住该怎样弹，要是能听一听贝多芬自己是怎样弹的，那有多好啊！"一个男的说："是啊，可是音乐会的入场券太贵了，咱们又太穷。"姑娘说："哥哥，你别难过，我不过随便说说罢了。"

贝多芬听到这里，推门进入屋内，借着月光弹奏起来，弹奏完，贝多芬飞奔回客店，把刚才弹的曲子记录了下来，这就是著名的《月光奏鸣曲》。

【生活悟语】

都说知音难寻，可知心者更少。因此在社会中交友必须珍惜彼此的友谊，尤其是彼此能够心有灵犀的更需要好好把握。

眼睛不识宝，灵芝当蓬蒿

【老人言解析】

有时候仅通过外表来判断，仅通过眼睛来观察，是无法识别宝物的，甚至有可能将灵芝这么珍贵的宝物当成普通的蓬蒿。这句老人言告诉我们不管是做什么都不能仅凭外表去判断价值，交朋友更是如此，不能以貌取人。

【人生应用：人才不会将能力写在脸上，所以切勿以貌取人。】

在人际交往中，有些人喜欢通过眼睛来判断他人的能力，其实这种方法非常肤浅，要知道这种做法有可能会错失朋友，甚至有可能你轻视的对象就是以后对你有帮助的人，所以千万不要因为自己的以貌取人致使自己多一个敌人。

晏婴，又称晏子，是春秋时期齐国著名的政治家、思想家、外交家。他以其卓越的智慧、刚正不阿的品格和出色的外交才能，在齐国的历史上留下了浓墨重彩的一笔。

有一天，晏婴乘坐马车外出办事。马车夫坐在车前，驾驭着马匹，神态十分得意。他身着华丽的服饰，手中挥舞着马鞭，显得威风凛凛。路人看到晏婴的马车，纷纷投来羡慕的目光，而马车夫也因此更加骄傲自满。

然而，这一幕却被马车夫的妻子看在眼里。回到家后，妻子对马车夫说:"你看你,今天为晏婴驾车,如此得意扬扬,自以为了不起。你可知道,晏婴身为齐国的相国,德才兼备,却谦虚谨慎,从不张扬。而你呢,只不过是一个小小的车夫,却如此骄傲自大。我看你还是另谋出路吧,我不想再跟着你过这样的日子了。"

马车夫听了妻子的话,羞愧难当。他意识到自己的错误,决定痛改前非。从那以后,马车夫变得谦虚谨慎,不再因为自己为相国驾车而骄傲自满。

晏婴很快就察觉到了马车夫的变化。他感到十分好奇,便询问马车夫原因。马车夫如实相告,晏婴听后,对马车夫的知错能改深感欣慰。同时,他也从这件事中认识到,一个人的才能和品德不能仅仅从外表来判断。

不久之后,齐国需要选拔一些人才来担任重要职务。晏婴想到了马车夫,他认为马车夫虽然只是一个普通的车夫,但他能够认识到自己的错误并及时改正,这种品质难能可贵。于是,晏婴向齐王推荐了马车夫。

齐王一开始对晏婴的推荐感到十分惊讶,他不明白为什么晏婴会推荐一个小小的车夫。晏婴便向齐王讲述了马车夫的故事,并强调一个人的才能和品德不能仅仅从外表来判断。齐王听了晏婴的话,觉得很有道理,便决定给马车夫一个机会。

马车夫得到了齐王的重用后,兢兢业业,努力工作,为齐国的发展做出了贡献。他用自己的实际行动证明了晏婴的眼光是正确的,也让齐王认识到了不能以貌取人的重要性。

这个故事告诉我们,在选拔人才时,应该注重一个人的内在品质和才能,而不是仅仅看外表。一个人的外貌可能会给人留下第一印象,但真正决定一个人价值的是他的品德、才能和努力。

作为领导者,要善于发现人才,挖掘人才的潜力,为他们提供施展才能的机会。只有这样,才能吸引更多的优秀人才为自己效力,推动事业的发展。

老人言

【生活悟语】

人的外表其实仅仅是人简单的一面,我们不可能仅从外表看出对方的深浅、身份,还有能力,要想深入了解对方,需要真诚地与对方交流,这样才能交到更多的朋友,为自己的未来打好基础。

亲不过父母，近不过夫妻

【老人言解析】

关系最近最亲的人不外乎自己的父母和伴侣。这句话就是告诉我们，在家庭中，父母和伴侣是我们身边最近最亲的人，我们要想家庭幸福，就需要孝敬父母，夫妻恩爱。

【人生应用：最亲的是生养我们的父母和陪伴我们的伴侣。】

生活中，父母是我们最亲的人，他们给我们的爱是最无私、最伟大的，而伴侣是我们接触最多也最亲密的人。只是夫妻朝夕相处，难免会发生磕磕碰碰的事。想要处理好夫妻之间的关系，就要互相理解、互相尊重、互相信任、互相关心、彼此沟通、同甘共苦。聪明的伴侣会从生活中慢慢地了解对方的性格特点，爱好什么，然后根据其性格、爱好行事，这样会博得对方的欢心，自然会生活得快乐。成家以后要面对彼此的亲戚朋友，处理日常琐碎事，特别是人情往来，要尊重对方的意见，不能独断专行。夫妻双方要互敬互爱，特别是在公共场合要给对方留面子；要相信对方，给对方自由的空间，不要过于约束对方，不使对方像笼中鸟一样，爱对方就要信任对方，给其自由；既然有缘走到一起，要欣赏对方的诸多优点，人无完人，也要包容对方的缺点，并且慢慢地帮对方改掉缺点；夫妻要共同分担家务活，男女平等，家务活不能让一人干；要相互理解，当对方在工作或者生活中遇到不愉快时要支持对方，安慰对方，关心对方；同时夫妻之间要常沟

老人言

通，遇事不要独自生闷气，双方意见不合时，找个合适的机会沟通，一把钥匙开一把锁，俗话说得好，话是打开心锁的钥匙；最后夫妻就要同甘共苦，遇到事情要共同担当责任，不要有怨言，更不能推诿责任，互相抱怨。总之，一个温馨的家需要夫妻双方共同呵护。

周一早上，小姚的老公要出差，虽然并不太远，但是要在早上七点就去坐地铁。不到七点的时候，小姚的老公起床了，和她道别："再见了，你再好好睡睡吧！"小姚也说再见，然后犹豫着要不要起床开车送老公去地铁站。思前想后最终还是爬了起来，起来后才知道父母早就起来做了早餐给老公吃，就剩下小女儿还赖在床上。

看着父母，小姚才想起，就在这最近的一段时间里，有几次她早上六点多出门办事，父母都是提前起床将事情打点好，然后老公开车送她到目的地，虽然她一再强调自己去就可以。父母和老公对自己的关心和体贴无微不至，自己想到老公出差也同样是那么的牵肠挂肚。这时小姚想起了那句老话：亲不过父母，近不过夫妻。

【生活悟语】

父母和夫妻是我们最亲密的人，不管是做什么事情，他们都会对我们关怀备至。所以，在家庭中一定要彼此关心，同甘共苦为家庭做出贡献。

第 5 章

求知求学：
丰富自己，用方法补充知识

蜂采百花酿甜蜜，人读群书明真理

【老人言解析】

蜜蜂需要采得百花才能酿出甜甜的蜂蜜，人必须博览群书才能够明事理。这句老人言告诉我们，人若要增长知识就应该多读书，并且一定要读好书。

【人生应用：读书使人明理，好书让人受益。】

"书中自有颜如玉""书中自有黄金屋""万般皆下品，唯有读书高"，这是我们熟知的与读书相关的名句。生存在社会群体中，不能不读书。读书不仅为了求知识，更是为了让我们明事理、懂人生。

莎士比亚说："书籍是全世界的营养品，生活里没有书籍就好像大地没有阳光；智慧里没有书籍，就好像鸟儿没有翅膀。"普希金说："人的影响短暂而微弱，书的影响则广泛而深远。"歌德说："读一本好书，就如同和一个高尚的人在交谈。"可见读书对一个人的成长是多么重要。

书中有很多做人的道理，也能够教给我们明辨是非，更能够缓解我们的压力。培根总结得好："读书给人以快乐，给人以光彩，给人以才干。"现在社会发展得很快，快节奏的生活、工作中无形的压力，一直在困扰着我们，读书学习便是放松身心、缓解压力的一种行之有效的方法。

古往今来，前人的著述卷帙浩繁，有经典，有糟粕，我们在读书

老人言

时必须有所鉴别、有所去存。读书，一定要读好书。所谓好书，个人观点是，内容一定要真实客观，不能误人子弟；立意一定要积极向上，给人以鼓舞鞭策；道理一定要深刻，给人以启迪开蒙；阐述一定要明晰，给人以逻辑思辨。读书，一定要读有益之书。正所谓"开卷有益"，读一本书，应该对工作有益、对人生有益、对生活有益、对处世有益，这样的书才是好书。

读书能使人养成良好习惯，培养优雅情趣。如今，人们的爱好呈现多元化，有人喜好唱歌跳舞，有人爱好打牌下棋，有人乐于运动健身，有人耽于美酒美食。人各有志，爱好不可能趋同。然而这些业余活动大多只是满足人们的一时之需或感官享受，而不像读书那样能给人带来更高层次的精神享受和愉悦，也不像读书那样能使人养成优雅的情趣。与那些满腹经纶、学富五车的饱学之士相比，我们也许只能做一个爱好读书的人，但是读书却能够培养我们的优雅情趣和品德。

每当我们在工作中遇到阻力或困难，有畏难情绪或推却想法的时候，翻看那些励志著作，我们便能从中获得鼓舞和力量；当对人生的意义和价值产生迷茫的时候，看看那些名人的人生历程和对人类的贡献，就能及时修正自己的人生航向，产生前进的动力；每当对社会现象产生不解的时候，看看时事评论家的分析论证，便有一种豁然开朗的感觉。"腹有诗书气自华"，读书能使人从前人的经历中借鉴成功的经验和吸取失败的教训，读书能使人明白更多更深的道理，读书能使人的智力水平得到提高。归根结底，读书能使人有更深的涵养，有更好的气质，有更优雅的情趣。

从前，有一个坏脾气的小男孩，一天到晚在家里发脾气，摔摔打打的，特别任性。有一天，爸爸就把这个孩子拉到了自家后院的篱笆旁边，说："儿子，以后你每跟家人发一次脾气，就往篱笆上钉一根钉子。过一段时间，你看看自己发了多少次脾气，好不好？"孩子就按爸爸说的去做。一天下来，他发现篱笆上钉了一堆钉子。他觉得很不好意思。爸爸说："你看，要克制了吧？你要能做到一整天不发脾气，就可以从篱笆上拔下一根钉子。"开始，小男孩觉得很难，但是，等到他把篱笆上的钉子都拔光的时候，忽然发现自己已经学会了克制。爸爸这时意味深长地说："篱笆上的钉子已经拔光了，但那些洞永远留在了篱笆上。其实你每向别人发一次脾气，就是往他们的心上打了一个洞。钉子拔了你可以道歉，但是那个洞永远也不能消除啊！"

这个故事对一个经常发脾气的孩子有着很大的触动，因为他也爱发脾气。看过这个故事后，他便对妈妈说："我今后一定会努力克制自己的脾气，争取改掉乱发脾气的毛病。"妈妈对他说："这个故事告诉我们，做一件事之前，要想一想后果，就像钉子敲下去，哪怕以后再拔掉，篱笆上的洞也不会复原了。这和成语'覆水难收'的含义一样。做事考虑后果，这是为人处世最重要的一点。你能从故事中悟出道理，说明你已经学会用心读书了。"爸爸也对他说："懂得了道理还不够，今后还要在实践中运用，做到学以致用。"

这里我们所倡导的读书，不应该是为读书而读书，孟子说过，"尽信书不如无书"。我们读书，不能照本宣科，不能死搬教条，而是要通过读书明事理。一个人只有明事理，才能确立正确的人生方向；只有明事理，才能知晓何事应该如何做；只有明事理，才能准确辨别是非；只有明事理，才能驾驭人生的航船，顺利到达理想的彼岸。在我们目前能够接触到的书籍中，阐明事理的读物比比皆是，包罗万象，只要你想研读、探究，就能从中有所收获。

【生活悟语】

读书读出意趣，释放心里的压力；读书读出道理，明事理充实自己；读书读出思想，解惑育人提升境界——人生就是一本书，需要我们慢慢品读。

老人言

用宝珠打扮自己，不如用知识充实自己

【老人言解析】

　　用珠宝打扮自己的人只是拥有外在的美丽，是非常短暂的。只有用知识来充实自己的大脑，才能更有内涵，更有深度，举手投足之间就会显示出一种特别的气质。这是仅仅拥有外在美丽的人无法比拟的一种独特魅力。我们要注重自我综合素质的提升，而不是单方面地注重外在的打扮，两者兼具更好。

【人生应用：别只为浮夸的外表耗费自身宝贵的资源。】

　　莫泊桑曾说："女人往往不受阶级的支配，因为女人的美丽超越了阶级。"我觉得这句话过于片面，我们知道外表的美是短暂的，会受时间、年龄的限制。

　　知识是能够滋润我们，使人心灵变美丽的重要源泉。内在的美是人的教养、涵养、气度等的表现。有人说一个人的教养奠定了其人生观，便有了追求内在美的最大动力。教养好，气度亦佳。没有知识的铺垫，即使拥有绝美的容貌和装扮，也无法掩饰其内在的空洞和虚幻。

　　由知识所产生的充实美是潜于内心深处的美，那是不能用外在来表现的。一个人若有高贵的品德、广博的知识、善良的心肠、纯洁的灵魂、坦荡的胸怀、真诚的爱心、纯正的节操，就可称其有内在美。

　　盲人海伦用书写心灵征服世界，用她的内在美代替了外在美而成为传奇人物。中国自古有"腹有诗书气自华"这样的诗句，这是一个

民族的精神选择和价值取向。当我们每一个个体在面临遗憾与冲突时，只有认识到内在美能够代替外在美，才能让我们更深邃、更智慧、更可爱。

钟离春，战国时齐国无盐县人，曾有书载，她额头、双眼均下凹，上下比例失调，肚皮长大，鼻孔向上翻翘，脖子上长了一个比男人还要大的喉结，头颅硕大，又没有几根头发，皮肤黑得像漆。虽然长了一副让人吃惊的模样，但她志向远大。当时执政的齐宣王，政治腐败，国事昏暗，而且性情暴躁，喜欢听吹捧，谁要是说了他的坏话，就会有灾祸降到头上。但钟离春为拯救国民，冒着杀头的危险，赶到国都。齐宣王见到了钟离春，还认为是怪物来临。钟离春一条一条地陈述了齐宣王的劣迹，并指出如再不悬崖勒马，将会城破国亡。齐宣王听后大为感动，把钟离春看成是自己的一面宝镜，最终把钟离春立为王后。可见内在充实的美丽能够给人以多么强大的吸引力。

史书记载：孟光模样粗俗，力气之大，能把将军、武士操练功夫的石锁轻易举起，被看成是无法管束的人。加上她又极丑，家里人都做好了她嫁不出去的准备。可仍有媒人替孟光与一丑男搭桥，孟光开口道："我只嫁给梁鸿，其他任何人都不嫁！"梁鸿是当时的大名士，文采过人，儒雅倜傥，堂堂的美男子。传说当时不少美女为他得了相思病，因此孟光对媒人说的话，一时被传为笑料。但梁鸿却看中了孟光的品行，毅然娶了孟光为妻。后来，梁鸿落魄到吴地当佣工，孟光毫无怨言地随同前往。梁鸿每次劳作回家，孟光都是把食具举至与眉平齐，再恭恭敬敬地递给梁鸿。二人相亲相爱，白头偕老。后世人说的"举案齐眉"就是由此而来的。

爱美是人的天性，但是若只是凭外表就认为那是美丽，那么就太过肤浅了。人若想要真正美丽，就必须有一定的内在基础，这样即使外在的容貌很普通，也能够通过知识的积累来充实自己的内心世界。

元末明初的刘基在他的寓言式小品文《卖柑者言》中讲了这样一个故事：杭州有个卖柑的人，善于保藏柑子，经过冷热天都不会烂掉。

老人言

拿出来卖的时候，柑子外表的皮色鲜艳得像玉一样，"玉质而金色"；但是剖开一看，里面的柑肉竟枯干得像烂棉花一样。刘基为此质问卖柑人。卖柑人却振振有词地说，那些坐大堂、骑大马的当官者，哪个不是官样十足，使人望而生畏，实际上还不都是"金玉其外，败絮其中"！

如果只是将目光关注在外在的装扮和容貌上，就会失去充实内在的心情，到最后可能还会如那外表光鲜却内在如絮的柑子，一无是处。容貌的美丽当然也是人需要去追求的，修饰打扮也是应该的，保持面貌的整洁是很重要的，让人看了就产生好感，彼此便有所沟通。其实若要发挥及表现我们的外表美，当以健康美、姿态美与动作美三方面来展示。而同任何事物一样，美也是形式与内容相互依存、相互作用、辩证统一的有机体。没有形体美、行为美、风度美等形象直观的美，或许根本就没有内在美乃至人性美。既要充实美的内在精神，又要重视美的外在表现，努力达到内美外美的统一，使人的一切都更加完美，这应该成为每一个现代人的最高追求目标。

【生活悟语】

外表光鲜却胸无点墨的人，只会让人感觉到肤浅。真正的美丽需要内在的知识填充。

花有重开日，人无再少年

【老人言解析】

春花绚烂，虽然短暂，但是第二年依然会草长莺飞，然而人生却不会如此。人的生命不能重来，青春也不会重复，所以一定要珍惜时间，趁早努力。青春易逝，韶华难留，所以不要为白白流逝的时光叹息，而要抓紧剩余的时光努力进取。

【人生应用：时光在不断流逝，别放任时间流逝。】

俗话说："一寸光阴一寸金，寸金难买寸光阴。"时间的价值比金子还珍贵，就是因为金子无论多么珍贵，但还是有价的，可以用等价的东西进行交换，然而时间却是无价之宝，用任何代价和方式都是无法换来的。

晋国大夫师旷，是春秋时期非常有名的人，不仅精通音乐，而且博学多才，官至太宰，他的事迹屡见于先秦各种书籍之中。

师旷从小就特别聪明，酷爱抚琴，后人称他为"乐圣"，绝对实至名归。传说师旷觉得自己在音乐上没什么长进，就一狠心用艾叶把眼睛熏瞎了。用他自己的话说是"技之不精，由于多心；心之不易，由于多视"。果真，功夫不负有心人，他的音乐最后达到了出神入化的地步。

一天晋平公问师旷说："我已经七十岁了，很想学习，但又担心自己已经老了。"

老人言

师旷反问他说:"既然感觉已经晚了,那怎么不点上蜡烛呢?"

"为什么要戏弄我?"平公听了师旷的话很不高兴,因为认为他答非所问。

师旷解释道:"盲臣怎么敢啊,我听人说少年时代热爱学习就如旭日东升,壮年时代热爱学习就如烈日当空,而到了老年才决心要学习,就好像晚上点上了蜡烛。试想点上蜡烛走与不点蜡烛在黑暗中行走哪个更好呢?"平公听了点头称是。

人生最美好的时光就是青春时光,然而青春是短暂的,青春的资源是极容易浪费的,很多成名的人都是在青春时期获得的最大成就:爱迪生21岁完成第一个发明,牛顿23岁创立微积分,达尔文33岁写作《物种起源》,居里夫人在29岁发现了镭。他们的青春是如此的壮丽,试想倘若我们的人生没有留下闪光的足迹,青春都会黯然失色。

参加研制第一颗原子弹的著名物理学家费米,也是同样每天抓紧时间,每天向时光挑战,因此才取得了绝高的成就。在他妻子的回忆录里曾经这样说:"有时我早上在七点半前几分钟起床,睡眼惺忪地走进书房去看他时,费米仍然裹在他那蓝色的法兰绒袍子里,坐在高高的安乐椅上,两脚穿着拖鞋搭在安乐椅的前边踏梁上,缩成一团伏在桌子上,听不见我进去,他深深地沉浸在他的工作中。"

一切伟大的成果,都是勤奋者拼命挤时间创造出来的。俄国大文学家列夫·托尔斯泰为了创作《战争与和平》,整整花了六年时间,全部都是夜以继日地伏案写作。朋友曾劝他好好休息一下,但是他摇了摇头说:"时间过得太快了,我不敢休息啊。"他创作完这本著作后就开始学希腊文,只用了三个月时间就能阅读希腊文书籍了。他一生中学习了十多种外国语和本国民族语言,从文化宝库中汲取了丰富的营养,他之所以能够攀上文学创作的巅峰,与他抓紧时间有很大关系。

人生其实仅仅有短短的几十年,花有重开日,人却无再少年。谁都希望自己的一生有所意义,那么就要在这短暂的时间里抓紧学习,用知识来丰富自己的生命。只有珍惜时间，才能够将无形的时间转化为最可贵的财富，才能够攀上人生的巅峰。

【生活悟语】

别把自己真的当成一朵花，花每年都能重新开放，人只能度过一次青年时光——勿再浪费你的时间，时间不等人。

老人言

好花还须细水浇

【老人言解析】

即使是长势良好的植物,也需要细心打理,才能够在后期开出艳丽的花朵。任何人不管是否天才,后天的努力和学习都是非常重要的,如果仅是凭借天赋却不去开发和继续努力,最终也只能沦为平庸。

【人生应用:学如逆水行舟,不进则退。】

人的学习和花的培养非常类似,一颗好的花种被种入土壤,想让它最终开出美丽的花朵,不能仅仅凭借它的种系,还需要我们努力去培养,去照料。如果人最初是天才,若想能够有所成就,也需要在此后的路途中不断努力,不断学习和充实,只有这样,才能够将天才的能力开发出来,成为成功的人。

我们都看过《伤仲永》这篇古文:金溪平民方仲永,世代以种田为业。仲永长到五岁时,不曾见过书写工具,忽然哭着要这些东西。父亲对此感到惊异,从邻近人家借来给他,他当即写了四句诗,并且自己题上自己的名字。这首诗以赡养父母、团结同宗族的人作为内容,传送给全乡的秀才观赏。从此有人指定事物叫他写诗,他能立刻完成,诗的文采和道理都有值得欣赏的地方。同县的人对他感到惊奇,渐渐地请他的父亲去做客,有人用钱财和礼物求仲永写诗。他的父亲认为那样有利可图,就开始每天带着方仲永四处拜访同县的人,不让他学习。

　　这件事已经流传了很久。后来，作者回到家乡，在舅舅家见到方仲永，他已经十二三岁了。作者叫他写诗，已经不能与从前听说的相比了。又过了七年，作者从扬州回来，又到舅舅家，问起方仲永的情况，舅舅说："他的才能已经完全消失，变得跟普通人一样了。"

　　其实仲永的通晓、领悟能力是上天赋予的。他的天资比一般有才能的人高得多。然而他最终成了一个平凡的人，多是因为他没有受到后天的教育。像他那样天生聪明，如此有才智，没有受到后天的教育，尚且要成为平凡的人；那么，现在那些不是天生聪明，本来就平凡的人，又不接受后天的教育，想成为一个平常的人恐怕都不能够吧？

　　的确，天才不接受后天教育，不去继续开发自己的能力，最终也只能变为普通的凡人；一个普通人如果不知努力，不去学习，最后连普通都算不上。在当今的社会，天才也出过不少，有些天才能清醒地认知自己，后期仍然通过努力去提升自己，所以最终成为有所成就的人。而有些天才却不思进取，感觉凭借自身出众的天赋，即使不去努力，也能够高人一等，最终沦为普通人。

　　"天才出自勤奋。"即使像方仲永这样的天才，由于没有接受后天的教育，最终沦落为平凡人。反之，即使天生并非聪明，但只要后天永无止境地刻苦学习，同样能成才！爱迪生曾说过这样一句话："天才是百分之一的灵感，加百分之九十九的汗水。"爱迪生为了寻找可以做灯丝的金属，先后共尝试了近两千种金属，做了近两千个实验，才最终找到了适合做灯丝的钨丝。那种锲而不舍的精神，岂是一般人可以比拟的？可以说，后天的努力，才是决定一个人成才的关键因素。

【生活悟语】

　　别让你的出众天赋因后期因素埋没，时刻充实自身，才能立于不败的境地——品质优良也需精心关照，不思进取只会江郎才尽。

老人言

百艺通，不如一艺精

【老人言解析】

我们能接触到的技艺很多，与其去将百种技艺或更多技艺都学会，还不如专心去学习一种技艺，将其吃透精进，从而更具竞争力。这句老人言告诉我们不管学什么东西，都不要眉毛胡子一把抓，专精于某一部分，真正将其掌握，才能够有优势。

【人生应用：一技专精是人才，百技均学必平庸。】

任何人的精力都是有限的，尤其当今社会发展迅速，人们需要学习的东西也越来越多，若我们想要将所有的技能都掌握，那必然不现实，但是若我们能够将其中某一项技能钻研透彻，那么在这一方面我们必然能够成为最优秀的人。

李少林和唐宝红是大学同学。2008年本科毕业后，他们果断放弃考研的机会，踏入了社会。

李少林是个专注而执着的人。在校期间，他就对编程产生了浓厚的兴趣。他花费大量的时间和精力，深入学习各种编程语言和算法，参加各类编程竞赛，不断提升自己的技术水平。毕业后，他如愿进入了一家知名的科技公司。

在公司里，李少林继续专注于编程领域。他对新技术充满好奇，不断探索和研究。每当遇到难题，他总是废寝忘食地钻研，直到找到最佳的解决方案。他的专注力和专业能力得到了同事和领导的认可，很快便在团队中崭露头角。

随着时间的推移，李少林凭借其精湛的编程技术，成功主导了多个重要项目的开发，为公司带来了显著的经济效益。他也因此获得了丰厚的回报和晋升机会，成了公司里备受尊敬的技术专家。

而唐宝红则与李少林截然不同。唐宝红性格活泼，对很多领域都充满了兴趣。毕业后，他先是尝试了市场营销，觉得可以锻炼口才和人际交往能力；不久后，又对金融投资产生了兴趣，报名参加了各种培训课程；接着，又受到短视频热潮的影响，开始尝试做自媒体。

然而，由于他在每个领域都只是浅尝辄止，没有深入钻研和积累，所以始终未能取得显著的成绩。在市场营销领域，他因为对市场的了解不够深入，策划的方案缺乏针对性；在金融投资方面，由于专业知识的不足，导致投资失误；做自媒体时，内容缺乏独特性和深度，吸引不了稳定的粉丝群体。

几年过去了，李少林在编程领域已经小有名气，收入丰厚，生活稳定。而唐宝红却还在各个领域之间徘徊，工作不稳定，收入也不尽如人意。

有一次，他们的大学同学组织聚会。聚会上，大家谈论着自己的工作和生活。李少林自信地分享着自己在编程领域的成就和心得，引得同学们纷纷投来羡慕的目光。

而唐宝红则显得有些落寞，他开始反思自己的选择。他意识到，自己虽然接触了很多领域，但没有一项技能能够达到精通的程度，导致在竞争激烈的社会中难以立足。

聚会结束后，唐宝红深受触动。他决定改变自己，选择一个真正感兴趣并且有潜力的领域，沉下心来，专注学习和积累。

经过一番思考，唐宝红选择了电商运营。他报名参加了专业的培训课程，购买了大量相关书籍，每天下班后就刻苦学习。同时，他还主动寻找实践机会，通过为一些小型企业提供免费的电商运营咨询服务，积累经验。

老人言

经过一段时间的努力,唐宝红终于在电商运营领域取得了一定的成绩。他成功帮助一家小型企业提升了线上销售额,也因此获得了更多的合作机会。

这段经历让他深刻认识到,在这个充满机遇和挑战的时代,一技专精是人才,百技均学必平庸。只有专注于一个领域,不断深耕,才能在激烈的竞争中脱颖而出,实现自己的价值。

如今,李少林和唐宝红都在各自的领域继续努力着。他们的故事也成了身边人的借鉴,提醒着大家在追求梦想的道路上,应该努力成为某一领域的专家,而不是什么都懂一点,什么都不精的"百事通"。

【生活悟语】

一技之长在任何时候都是能够让人站住脚的,有所专精才更能增强竞争力。

搓绳不能松劲，前进不能停顿

【老人言解析】

搓绳需要不懈地努力，不能中途松劲，因为当松开后前面搓紧的就会松开。其实人生同样如此，前进的过程中要一鼓作气，不能停顿，只有这样才能够学有所成，有所成就。

【人生应用：学如交战，一鼓作气，再而衰，三而竭。】

学习的路上如同逆水行舟，同人生路一样，不进则退。其实当决定向前行时，就要下定决心，立定恒心，懂得世上无难事，只怕有心人，这样才能够不断前行，最终成就未来。

清朝的时候山东潍县的县城里，有一个在饭馆跑堂的伙计，他没怎么上过学，大字不识几个，成年累月的工作除了端盘子就是擦桌子。这种重复单调的工作使他感到非常的无聊。有一天，他突然对饭馆墙上挂的一幅字产生了兴趣，从此他萌生了练习书法的想法，经过一段时间的学习锻炼，他立志要当一名书法家。可是当他的这个意向一提出来，老板和其他伙计就开始讥笑他异想天开，因为毕竟他原本是大字不识几个的人。可是小伙计却没有将这些话放在心上，他很用心地开始抓紧每一个空闲锻炼书法，一有空他就对着书帖揣摩，通过目识心记，他开始落实书法的练习。因为他需要继续跑堂，所以常常在擦桌子前用抹布模仿书法家所书写的那几个字，在桌子上写上那些字，然后再用抹布擦去桌子上的残羹剩饭。

老人言

一段时间后，因为他的坚持，他在桌子上用抹布所写出来的字就开始变得和书法家的字越来越像。后来他又用这种方法练习模仿字帖上的字，最终通过努力他成了颇为有名的一位书法家。

如果他在听到老板和伙计的嘲笑时就停滞不前，可能最终还是一个跑堂的小伙计。但是他想到自己既然开始了，就不能停下，正应了那句老话："搓绳不能松劲，前进不能停顿。"因此最终取得了不小的成就。

在湖北沙湖有户人家，经常受到别人的欺辱，当这家儿子十八岁的时候，父亲便把他送到了一名武师那里去学艺。武师看到这户人家的儿子个头并不高，身体素质也并不强，于是便要求他从基础练起。刚好武师家的母牛产下了一头小牛犊，于是武师就要求他每天早中晚三次从牛棚中将小牛犊抱出来吃草、排泄，然后再将它抱回牛棚中休息，开始的一段时间都是如此。武师还要求他每天如此，不得间断，即使天气不好也不能放弃。于是年轻人开始了枯燥的锻炼，一个月、两个月过去了，牛犊渐渐长大，而随着这个过程，年轻人的体力也慢慢地增强。牛犊长得越来越快，年轻人也丝毫没有放弃这枯燥的锻炼，而且他日复一日、年复一年的毫不偷懒，将师父交给他的任务完成。

就这样经过了三年的时间，年轻人还是和从前一样轻松地抱着小牛出出进进。这一天，师父找到了他，告诉他可以出师了，于是年轻人就学成回家了。快到家门时，他父亲正要准备将牛牵入牛棚，他看到父亲很费力，就赶紧上去帮忙。只见他轻轻一拽，牛就进入了牛棚，周围的人看到都惊呆了，从此以后，再也没有人敢来欺负他们家人了。

年轻人的坚持不懈和向着目标绝不放弃的毅力，使得他越走越远，可能他自己都没有什么感觉，但是就凭借着这不断的锻炼，他就已经取得了比别人超前的成功。

【生活悟语】

学习如逆水行舟，不前进就会后退。若想要有所成就，就必须大步向前——不到终点，决不轻易停留。

好记性不如烂笔头

【老人言解析】

记性好不如用笔记来帮助自己记忆；用毫无规律的笔记来帮助记忆，不如用整齐有重点的笔记来增进对知识的理解。人的记忆是可以锻炼出来的，如果实在无法记住，可以通过笔记来增进记忆水平，而做笔记的水平直接影响我们对这些所记知识的理解和应用。

【人生应用：用笔来见证记忆增长，用学习方法来见证成长。】

美国心理学家巴纳特曾经以大学生为对象做了一个实验，研究做笔记与不做笔记对听课学习的影响。大学生们学习的材料为一篇一千八百个词的介绍美国公路发展史的文章，他以每分钟一百二十个词的中等速度读给他们听。

他将大学生分成了三组，每组以不同的方式进行学习。甲组为做摘要组，要求他们一边听课，一边摘出要点；乙组为看摘要组，他们在听课的同时，能看到已列好的要点，但自己不动手写；丙组为无摘要组，他们只是单纯听讲，既不动手写，也看不到有关的要点。学习之后，对所有学生进行回忆测验，检查对文章的记忆效果。

实验结果表明：在听课的同时，自己动手写摘要的学习成绩最好；在听课的同时看摘要，但自己不动手写的学习成绩次之；单纯听讲而不做笔记，也看不到摘要的人成绩最差。

其实这就是做笔记和不做笔记对记忆和知识理解的差别，有些人可能自谓聪明，认为很多知识自己听过一遍就可以记得很清楚，但是记住了却不一定能够理解，理解了却不一定能够深刻，要想真正将知识吃透，就需要我们学会去做笔记。这不但能增强我们的记忆能力，也能够增强我们的吸收能力。

明朝著名文学家张溥，有一个声震八方的"七录书斋"。小时候的张溥，天资并不聪明，尤其是记忆力很差，读过的书转眼就忘了。但他是个有志气、有毅力的人。他知道自己的记忆力不如别人，并没有垂头丧气，而是努力设法克服这个缺点。心想：别人读一遍，我读十遍还不行吗？所以，每天放学后，别的小孩都出去玩了，他仍大声地背诵课文。坚持练了一段时间后，确实进步不小，他感到很高兴。

有一天上课，老师叫他背诵课文，开始几段背得还比较流利，可一会儿就背不出来了。老师很生气，就用戒尺狠狠地打了张溥的手心，并罚他把这篇课文抄写十遍。第二天，张溥把抄好的课文交给老师，老师又让他重新背诵，没想到全篇课文他竟顺利地背完了，老师非常满意。

回家的路上，张溥心想：奇怪，为什么这篇文章会背得这样熟呢？是不是昨晚抄写十遍的缘故呢？他决定用今天的作业试一试。回到家中，他先把课文通读了一遍，然后就开始抄写，他一边写，一边在心里默读。当抄到五遍时，他就已经能背诵了。当抄到第七遍时，他感觉到自己已全部领会了课文的含意，并能熟练地背诵了。

张溥终于找到了提高自己记忆力的方法，不论数九寒冬、烈日酷暑，他都坚持不懈地抄书、背书，学到了许多知识，最终成了很有名望的文人。为纪念他自己独特的学习方法，张溥把自己的书房取名"七录书斋"。

其实如今社会中很多人在工作中都会做笔记，但是很少有人会在做笔记这件事上下功夫、找窍门，以提高工作效率。笔记对于最终成就的影响是非常重要的，尤其作为商业人士，做笔记的好处多多，如对工程进度进行管理，把灵感运用进策划案，对会议的要点进行总结，或者对个人投资心得进行整理等，不胜枚举。同样在工作，有的人能将积累的经验转化为成果，变成自己的薪酬，有的人则不能。

　　善于总结和积累的人，可以将经验转化为丰富的资历，而这种资历与个人的未来发展有着直接且密切的关联。不会从经验中积累知识的人，要么不断地犯同样的错误，要么做了一堆工作却没有丝毫进步，一直在原地踏步。即使有一定的提高，速度也相对太慢。对工作内容进行详细记录，像存钱一样，一点一滴地去积累经验，本来是一件非常简单的事情，可是能做到的人却寥寥无几。一个人工作成果的大小、效率的高低都可以从点滴积累中体现出来。

　　养成做笔记的好习惯，以后就可以在笔记本上检索到自己积累的知识和经验。这是我们独有的体会和经验，没人能与我们共享。在你灵感闪现的一刹那，赶紧把它记录下来，之后再复原它。只要你在笔记本上有记录，你就有了复原记忆的"钥匙"，之后沉下心来，慢慢思考，还可以对这个创意进一步扩充和深化。即使大脑会遗忘，但笔记本上有记录，这就好比把创意放入了我们的后备大脑中。不仅是创意，每天的体会、工作上失败的教训、从成功中得出的经验等，都可以放入这个后备大脑中。养成了做笔记的习惯，回头翻阅笔记本，就像找到一把钥匙，它可以帮我们打开大脑的后备库，使我们从里面取用宝贵的经验。

【生活悟语】

　　适当地用手中的笔辅助记忆，能够让我们轻松很多，还能够节省我们理解知识和吸取经验的时间——学会用简单的方法获得最大的效率。

老人言

人过三十不学艺

【老人言解析】

三十而立，这句话其实是以前老人激励年轻人抓紧时间做出事业。而"人过三十不学艺"则是用反义来激励年轻人珍惜时间，奋发向上。

【人生应用：别坐等而浪费时间，珍惜青春年华抓紧学习。】

对于"人过三十不学艺"，有人这样理解：一是年龄增大后记忆力明显减退，记不住事，就学不下去；二是有脸面的影响，和比自己年轻的人在一起学习，或是向比自己还年轻的人请教，感觉很没面子；三是感觉学了也没有用，也就没有了动力。年龄越大，发展的空间越小，变化越小，就越不觉得学习有什么用途，倒觉得拉关系或是找熟人比自己学习更有价值，就更不愿意学习。其实这都是错误的理解。

有上述理解的人是望文生义了。"人过三十不学艺"其实是激励年轻人的，而非真正过了三十就不去学习。有人可能感觉"人过三十不学艺"和"活到老学到老"这两句话有冲突，其实不然。

"人过三十不学艺"是带有警示性的提醒，指的是要趁年轻时抓紧时间学习知识技能，而过了三十岁这个而立之年，再学就可能来不及了。这是因为古人限于各种条件，寿命较短，要在社会上竞争、立足，三十岁这个年龄已经偏大。所以一旦过了三十岁，就会失去竞争力，再想学艺来参与社会竞争，已经缺乏实际意义。现如今其实同样如此，人们到三十岁的时候，身体机能可能就会开始走下坡路，同时又因为年龄因素，大部分人都已经成家立业，或者需要赡养父母，或者需要养家糊口，精力和体力被占用了大部分，所以就不再有更多的时间进行学习，也没有那种心情和氛围。

而"活到老学到老"则是带有勉励性的格言，指的是在人生道路上，不管你能活到多大年纪，没有年龄限制，永远需要学习各类知识和技能。当然学习的主要目的并非为了参与社会竞争，尤其是老年人。不断地学习，会使自己不断地充实，不至于产生老之既至的空虚和慨叹。将学习到的知识和技能应用于某些领域是自我价值的体现，对任何人来说都不是用金钱多少来计算的，正如马斯洛所说的那样，这是人生需要的五个层次的最高一层，也正是许多人孜孜以求的人生最高目标。

其实对于真正有志向和追求的人来说，还是有很多老年学有所成的例子的。而且三十岁这个年龄，恰恰见识和阅历足够，人们会有更多思考，认识问题会更加深刻，也是有利于研究钻研某些东西的！所以抓紧时间学习，不要在时间流逝之后才想到应该去充实自己。学习不但能够让我们充实，也能够让我们健康快乐。天道酬勤，我们的人生路上随时都有机遇，而机遇最青睐的是那些坚持学习、抓紧时间的人。

【生活悟语】

成长是人一生的事，不过在青少年时成长的速度会更加迅速平稳，所以不要虚度年华，不管什么时间，都需要坚持不懈地学习。

老人言

心专才能绣得花，心静才能织得麻

【老人言解析】

内心专一才能提高注意力，才能够将绣花这么精细的事情做好；内心宁静才能够心性平稳，才能够将麻搓成线再织成布这么烦琐的事情做好。不管是做什么事情都应该专心，尤其是在学习的时候更是如此。

【人生应用：若想学有所成，事有所终，就必须恒信专一。】

做任何事情都不能三心二意，如果想着做这个，又想着做那个，到头来终归是一无所获。想要成功就必须集中精神，将全部注意力投入一件事情中去。只有专心致志，才能够完美地完成这件事情。

古时候有一个叫弈秋的人，他的棋艺非常高超。有一天正当弈秋在与人对弈的时候，有一个吹笙的人在弈秋对弈的地方吹奏，使得原本幽静的环境被吹笙搅得乱糟糟的。这下将弈秋影响得无法再集中精神了，下棋开始心神不宁，最后竟然输给了对手，虽然偶尔输一次没什么影响，但是弈秋的棋艺还是受到了怀疑。又过了几日，弈秋又和人对弈，有一个人向弈秋请教问题，弄得弈秋一筹莫展，结果又输了。

有位智者知道这个情况后，说弈秋最近下棋总输并不是说弈秋的棋艺不行，而是因为心神不宁的缘故。智者举例说，曾经有一位天下最擅长算术的人，在鸿鸟鸣叫着的环境中连一个简单的算术题都无法答上来，就是受到了飞鸟的影响，无法一心一意进行算术的缘故。而弈秋最近的对弈失败也正是这个原因，如果给他一个安静平和的环境，心境沉稳的他一定不会像那两次对弈一样。

人们听了智者的话都感觉有道理，就再也不怀疑弈秋的棋艺了。弈秋也听从了智者的劝告，开始更加专心地下棋，最终战无不胜，成了一代棋艺大师。后来弈秋教了两个学生，两个学生心性和智慧都相差无几，可是在学棋过程中，其中一个总是专心致志，而另一个却耳朵听着教导，心中却在想如何将屋外的鸟用箭射下来，最终自然学得一塌糊涂。弈秋也同样用智者的话去教育两人，最终心不专的学生才得以学有所成。

"心专才能绣得花，心静才能织得麻"，就是让人要一心一意做事，毕竟人的精力是有限的，要想将一件事情做好，就必须专心致志、全神贯注，否则想要成功是不可能的。即使我们有同时做很多事情的能力，最终的成就也必然不会太高。

"世界三大男高音"歌唱家之一的帕瓦罗蒂可谓家喻户晓，当被问及成功秘诀时，他讲起了自己最初面对人生选择时的经历。帕瓦罗蒂毕业于师范学校，但对音乐的迷恋与天分，让他在择业时总也下不了决心：到底是当老师还是做歌唱家呢？于是，他把这一苦恼告诉了父亲。父亲没有直接回答他，只是做了个比喻："你同时坐两把椅子，你必然会从中间掉下来。所以，你只能坐其中的一把。"在深思熟虑之后，帕瓦罗蒂下定决心向歌唱方面去发展，于是这世上多了一个著名男高音歌唱家。

其实做任何事情都是如此，想要提高效率就必然需要目标专一。纵观那些失败者和成功者，会发现失败者有无数目标，而成功者只有一个目标。唯有那些专注于一个核心目标，向一个方向不停努力的人才会成功。

【生活悟语】

三心二意永远无法成事，只有一心一意、心无杂念，才能有收获——专一恒心再行事，收获成就变良才。

老人言

一艺之成，当尽毕生之力

【老人言解析】

要练就一门手艺，要专精一种技艺，必须用尽全力，耗尽一生的时间去钻研。要想能够获得出色的某项能力，就需要耗费全部精力去学习、温习和使用，这样才能够有所成就。

【人生应用：学习一项技能就要如狮子搏兔，全力以赴。】

任何事情，不论大小，想要做好，就需要全力以赴。其实世界上没有什么艰难的事情，只要我们能够有毅力、有恒心，用尽所有力量去做，必然能够取得不小的成就。

甘蝇是古代一位非常擅长射箭的人，他的利箭所指，飞鸟落地，走兽伏倒。他有个弟子名叫飞卫，曾向甘蝇学习射箭，飞卫因为勤学苦练，天赋异禀，所以最终技能超过了师父。

后来有个叫纪昌的人向飞卫学习射箭。飞卫没有直接教他，而是说："你要先学会在任何情况下都不眨眼睛，然后才能谈及射箭。"

纪昌听了就直接回到家，仰卧在妻子的织布机下，眼睛注视着梭子，练习不眨眼睛。两年后，即使有人用锥尖刺纪昌的眼皮，他也能够不再眨眼。他很高兴地去找飞卫，把这件事告诉飞卫，飞卫却摇了摇头说："你的功夫还不到家，你还需要学会看东西才可以，你需要能够把小的看大，把模糊的看得清晰，才算练好了眼力，那时你再来告诉我。"

纪昌回到家，抓了只虱子，然后用牦牛毛系着虱子悬挂在窗户上，天天从南面来练习看。十天过后，虱子在纪昌眼中渐渐变得大了；而等到三年之后，纪昌看到虱子已经感觉像车轮般大了，而看周围的其余东西，都感觉如同山丘般大。于是他便用燕国牛角装饰的弓，北方蓬秆造成的箭，射向虱子，正穿透了虱子的中心，而拴虱子的毛却没断。纪昌很高兴，便把这件事告诉了飞卫。飞卫高兴地说道："太好了，你已经掌握射箭的技巧了。我没什么可以教你了。"

任何良好的技艺都不是一两天的时间能够练就的，必须付出全力才能够有所收获，就如同纪昌练习射箭一样，他用几年的时间去锻炼一项技能，不断努力，最终才得到了真正的技能。如果他当初看到虱子变大就不再继续努力，可能最后射箭的技能也无法出神入化。要知道一艺之成，当尽毕生之力。

曾经有一个国王听说一个画家擅长水彩画，有一天他专程去拜访画家，想让画家为自己画幅画。他要求画家说："请你为我画一只孔雀。"画家听了，告诉国王一年后来取画。一年之后，国王再次拜访，四周看了看，却没有发现自己想要的画，心中很是诧异，便问道："请问我订购的水彩画在哪呢？我在一年前曾请你帮我画一幅孔雀。"

画家看了看国王说："你的孔雀就要画好了。"说完，画家便拿出了画纸，不一会儿就画了一只美丽鲜艳的孔雀。国王觉得很满意，但是价钱却让他很是吃惊："没想到就这么一会儿，你看来毫不费力，轻而易举地就画完了，为什么要这么高的价钱？"

画家没有多说话，而是带着国王走遍了他的房子，每个房间里都放着一堆堆的画着孔雀的画纸，画家这才说道："其实我对你要的价钱是十分公道的，你看起来我不费力地就画完了这幅画，似乎十分简单，却是花费了我很多的时间和精力，我曾经花费了几个月的时间去观察孔雀的生活习性和特点，而后又经过了几个月的时间进行色彩的调配，又花了几个月时间画孔雀，所以我是花了整整一年的时间来准备啊！"

到达成功的巅峰并不是一蹴而就的，需要一步一个脚印地前进，

老人言

也需要全力以赴去拼搏,因为世界上根本没有达到彼岸的捷径,任何辉煌的背后,都需要坚忍的毅力和辛勤的汗水,还有那全身心的投入。

【生活悟语】

任何技艺都需要长时间练就,莫要略知皮毛就不求甚解,若想有所专精,必然需要一丝不苟、尽力而为。

针越用越明，脑越用越灵

【老人言解析】

　　针常用才能不生锈，才能越来越明亮，越来越锐利。而人的大脑同样越用才能越灵敏。这句老人言就是告诉我们多动脑，这样才能时刻保持敏捷的思维。

【人生应用：工具不用会生锈，脑子不用会迟钝。】

　　人要想在有限的生命过程中有一番成就，就必须不停地学习和奋斗，只有不断运用自身的能力和大脑才能够跟得上社会的步伐。以往的神经学研究发现，神经在受到刺激兴奋后需要一定的时间才能恢复，按照这样的说法脑子用多了就会不灵了。但美国科学家的最新研究发现，神经在受到刺激后可以迅速恢复，因此"大脑越用越灵"是有科学依据的。

　　以前的研究发现，神经元突触可塑性与学习、记忆能力有关。而且，神经系统发育过程中最重要的 NMDA 受体对于神经元突触可塑性的启动是必需的。但在最初的启动之后，NMDA 会减弱神经元突触的作用。这意味着，进一步的刺激将不能加强甚至会损害学习能力。这与人的大脑在实际生活中的表现相悖。然而新的研究表明，大脑虽然在短期记忆后再进行刺激会产生一定抵抗，但是稍作休息就能很快恢复记忆能力，而且随着刺激的增加似乎这种恢复能力也在增强，两种受体的共同作用使得大脑可以无穷无尽地进行记忆，就像人在学习的

老人言

时候掌握规律后会越学越快一样。

古今中外著名的科学家成功的例子可以反映出用脑的好处无穷。"发明大王"爱迪生只有小学文化，家贫辍学，刻苦自学，拥有包括电灯在内的两千多项专利，硕果累累。爱因斯坦年轻时学习并不出众，但是，经过努力求学、艰苦探索后，终于提出了著名的相对论理论，成为世界一流的物理学家。法拉第，一个学徒工，却发明了发电机，为人类大规模用电提供了可能。而麦克斯韦却用一组数学公式总结了电磁学理论。他们是人类的佼佼者、科技精英，为人类文明做出了杰出的贡献，而且，他们也是科学用脑的典范。

明朝的李贽到北京的时候，已经是 50 多岁的老者了，他听说澹园老人对《易经》很有研究，就去拜他为师。李贽每天跟他学《易经》到深夜，经过三年的刻苦努力，终于把《易经》的六十四卦读通了，并在朋友的帮助下，于龙潭的芝佛院定居下来。一般人看来，到了这个年龄已经年老体衰无所作为了，但是李贽却正是从这时开始专心读书发愤著作的，从儒家经典到佛教经文，从史书到杂说，从诗词到曲赋，无所不读无所不学，他在芝佛院住了十多年，写下了三十多部著作，其中最著名的两部书就是《焚书》和《藏书》。

李贽虽然年龄大了，但是因为发愤图强，不断锻炼自己的大脑，因此，在后期的成就也越来越高，学习起来也越来越快。很多时候人类就是需要这种挑战精神，不断去挑战自己，去锻炼自己的大脑，才能够越来越聪明，越来越有成就。

俄罗斯杰出的作曲家柴可夫斯基在晚年写给朋友的信中说："如果要我相信，在音乐的宴席面前，我只能献上一些别人炒好了而由我热一热的菜，我当然是宁愿搁笔不写的。"这一段话正体现了柴可夫斯基一生勤奋工作、不断拼搏的精神。

他在各种体裁的音乐上都做出了卓越的贡献，创作了极其辉煌的作品，但他并没有因一时的成就而感到满足，而是一直向着新的领域进军。在他去世以前的两三年里，他创作了舞剧《睡美人》和《胡桃夹子》。在他之前的大作曲家，都不愿意创作舞剧音乐，因为他们担心舞剧音乐的音调过于华丽、曲调平易，缺乏深刻的情感，有损自己的创作风格，甚至有些作曲家把舞剧和杂耍并列。而柴可夫斯基却把他的交响乐和舞剧中的戏剧形象生动地结合了起来，他在去世前的一段时间，更是将自己的大脑潜能发挥到了极限，最终创作出了大家耳熟能详的作品。

人脑越用越灵，不用可能会"生锈"。成功人士刻苦学习的精神是值得大家学习的，尤其是年轻的朋友们正值学习的黄金时代，只有勤奋地锻炼大脑，才能够不断成就自己。

【生活悟语】

人脑就如同一个装满齿轮的机器，如果不常用就会生锈，齿轮间无法磨合就会迟钝。因此不要担心大脑的能力，只有用得多了，才能够轻松运转。

老人言

学在苦中求,艺在勤中练

【老人言解析】

不吃苦不知道学艺难,只有吃得苦中苦,才能够将知识和技艺学到手中。很多技艺都是需要勤加锤炼的,不锤炼就无法熟练掌握,也没办法真正拥有。要能吃苦,勤奋好学,这样才能够取得最终的成功。

【人生应用:不吃苦中苦,难成人上人。】

勤能补拙,只有付出足够的努力,才能够赢得最后的成功,古今中外概莫能外。一些平凡的人通过吃苦耐劳、勤奋锻炼,获得机会和提升的空间,从而最终成功。

李密少年时代,曾在隋炀帝的宫廷里当侍卫。他生性灵活,在值班的时候左顾右盼,被隋炀帝发现了,认为这孩子不大老实,就免了他的职。李密并不懊丧,回家后发愤读书,因以放牛为生,故常坐在牛背上读书。

有一次,李密听说缑山有一位名士包恺,就前去向他求学。李密骑上一头牛出发了,牛背上是用蒲草编的垫子,牛角上挂着一部《汉书》。李密一边赶路,一边读《汉书》,正巧越国公杨素骑着快马从后面赶上来,勒住马赞扬他:"这么勤奋的书生真是少见!"李密一看是越国公,赶紧从牛背上跳下来行礼。杨素问他说:"你在看什么?"李密回答说:"我在读项羽的传记。"一老一少就这样在路边交谈起来。

李密谈吐不俗，深深吸引了杨素。回家以后，杨素对儿子杨玄感说："我看李密这个人的学识才能，都在你们兄弟之上，将来你们有事可以与他商量。"

613年，李密参与杨玄感起兵反隋。杨玄感兵败被杀，李密逃亡，后加入瓦岗军，人称魏王。李密发布讨伐隋炀帝的檄文，数说杨广的十大罪状，其中有"罄南山之竹，书罪未穷；决东海之波，流恶难尽"的话。意思就是说，用尽南山的竹子做竹简也写不完他的罪行，决开东海的水也洗不尽他的罪恶，为后世留下了"罄竹难书"的成语。

水滴石穿的故事大家都耳熟能详，水滴这么弱小的东西都有这么强大的力量，何况我们有着自主精神的人呢？只要你能够将自己想做的事情用心做好，不怕吃苦，勤奋努力，就定然能够获得最后的成功。

阿强是我的邻居，也是我小时候的玩伴。阿强家境贫寒，父母都是朴实的农民，靠着几亩薄田维持生计。然而，艰苦的生活并没有磨灭阿强心中的梦想，他渴望走出大山，去看看外面的世界，改变自己和家人的命运。

每天清晨，当第一缕阳光还未照进山村，阿强就已经起床，帮助父母干完农活后，便匆匆赶往学校。山路崎岖，阿强要走上好几里才能到达学校，但他从不抱怨，因为他知道，这是他通向未来的必经之路。

在学校里，阿强学习刻苦，成绩优异。他总是第一个到教室，最后一个离开。晚上回到家，在昏暗的灯光下，他依然坚持学习，常常因为太投入而忘记了时间。

随着年龄的增长，阿强面临着更大的挑战。为了能继续上学，他利用课余时间去山上砍柴、采药，然后拿到集市上去卖，以此来赚取学费和生活费。夏日里，酷热难耐，阿强的汗水湿透了衣衫，但他依然咬牙坚持；冬天里，寒风刺骨，阿强的双手长满了冻疮，但他从未放弃。

功夫不负有心人，阿强终于考上了县城里的重点高中。然而，新

老人言

的环境和学习压力让他感到有些力不从心。但阿强没有退缩，他知道，只有吃得苦中苦，才能实现自己的梦想。于是，他更加努力地学习，每天只睡几个小时，其余时间都用来做题、背书。

高中三年，阿强几乎没有休息过一天。他的努力终于得到了回报，他以优异的成绩考上了一所名牌大学。在大学里，阿强依然保持着勤奋刻苦的作风。他不仅在学业上取得了优异的成绩，还积极参加各种社会实践活动，锻炼自己的能力。

毕业后，阿强进入了一家知名企业。他从基层做起，不怕吃苦，不怕受累，凭借着自己的才华和努力，一步一步晋升。经过多年的打拼，阿强终于成了公司的高层管理人员，实现了自己的梦想。

如今，阿强把父母接到了城里，让他们过上了幸福的生活。他的故事也在山村里流传开来，成了孩子们学习的榜样。

阿强的经历告诉我们，人生的道路没有捷径可走。不吃苦中苦，难成人上人。只有敢于吃苦，勇于拼搏，才能收获成功的果实。

汗水和丰收是忠实的伙伴，勤学和知识是一对最美的搭档。勤奋学习不等于成才，但不学习肯定不能成才。即使吃苦也要努力学习，当开始学习时定要勤奋不懈，只有这样，才能更快地吸取知识，我们才能够成为有所成就的人。

【生活悟语】

知识的海洋是非常广阔的，若想在这片海洋中找到属于自己的宝藏，就必须不怕苦、不怕累，要知道——书山有路勤为径，学海无涯苦作舟。

第6章

生存法则：
在竞争大潮中稳步前行

听人劝，吃饱饭

【老人言解析】

在饭桌上，若主人招呼你，只要你听主人的招呼就肯定能够吃饱；如果和主人假客气，那么最终受饿的还是自己。这句老人言寓意是在做事的时候不能太过固执己见，应该善于听取别人善意的劝告，如果别人说的是对的，那么虚心接受对我们的好处会很大。

【人生应用：刚愎自用非智者。】

知人者智，自知者明。其实要克制刚愎自用的心理，首先要做个智者，要能够明辨事理，敢于改过。很多时候我们会犯一些错误，他人可能会给我们一些善意的提醒和建议，这时不要纠结于面子，要知道改过是一个人不断成长的最佳方法。

春秋时期，燕文公有一次在路上走，驾车的马突然死了，他不得不去买马来驾车。有人告诉他说："卑耳氏的马好，请他卖给你。"然而等到燕文公找到卑耳氏后，卑耳氏却推辞说："我的马都是野马，不能用来充当君王的驷马。"燕文公一听很生气，便派人强夺他的马，结果他和马都逃跑了。

有一个叫苏代的人想把自己的马卖给燕文公，燕文公正在气头上，而且看不上他的马，怎么也不肯要，两人僵持在了那里。这时巫闾大夫进言说："君王寻求马是用它来驾车乘坐的，何必舍近求远，想卖的你却不要，不想卖的你却非要买不可呢？"燕文公振振有词地说："他们的马不怎么样，却自以为是好马，我厌恶那些自卖自夸的人。"

巫间大夫接着说："从前中行伯向齐国求婚，高、鲍两家都答应了他，和叔向商量，叔向说娶妻是为了传宗接代、侍奉祭礼，不可草率啊，只要看她是否贤惠就是了。如今你寻求马，也只是看它是否好而已，只要是好马，就可以了。从前尧帝把天下让给许由，许由不接受就逃走了，但尧帝不强求他，而终于得到了舜帝。宁戚养牛而自荐给齐桓公，齐桓公录用了他，而终于得到了管仲。倘使尧帝不听任许由，怎么能得到舜帝？齐桓公不录用宁戚，怎么能得到管仲？你何必固执己见呢？"巫间大夫用生动的事例说服了燕文公，最终燕文公改正了自己固执己见的毛病。

有时候一些人总会固执己见不去改变，这样刚愎自用是不智之举。改正自己的缺点虽然痛苦，但是却能够让我们不断丰富自己，从而最终成为一个有智慧的人。

楚庄王，春秋时期楚国国君。在他即位之初，楚国国内局势复杂，外有强敌环伺。然而，楚庄王却并未展现出一位有为君主应有的担当和作为。他整日沉溺于酒色之中，不理朝政，对国家大事不闻不问。

面对楚庄王的这种行为，许多大臣心急如焚，纷纷劝谏。但楚庄王却对此置若罔闻，甚至对劝谏的大臣加以斥责。一时间，楚国上下人心惶惶，国家陷入了一片混乱之中。

然而，在这混乱之中，有一位名叫伍举的大臣却并未放弃。他深知楚庄王并非昏庸无能之辈，只是一时迷失了方向。于是，伍举决定以一种巧妙的方式劝谏楚庄王。

一天，伍举来到王宫，对楚庄王说："大王，臣听闻有一种鸟，它栖息在南方的山上，三年不飞，三年不鸣，这是一种什么鸟呢？"楚庄王听出了伍举的弦外之音，他沉思片刻后回答道："此鸟不飞则已，一飞冲天；不鸣则已，一鸣惊人。"

伍举的劝谏虽然没有立刻让楚庄王改变，但却在他的心中埋下了一颗种子。此后，又有一位名叫苏从的大臣挺身而出，冒死劝谏楚庄王。苏从对楚庄王说："大王，您整日沉溺于酒色，不理朝政，楚国已经危在旦夕。如果您再不振作起来，楚国将面临灭国之祸。臣愿以死相谏，望大王能够醒悟。"

苏从的这番话深深地触动了楚庄王。他意识到自己的错误行为已经给国家带来了巨大的危机，也辜负了大臣们的期望和百姓的信任。于是，楚庄王决定痛改前非，他开始远离酒色，亲理朝政，重用贤能之士。

楚庄王首先整顿吏治，罢免了那些贪污腐败、无能之辈的官员，提拔了一批有才能、有品德的人担任重要职务。他还积极发展经济，鼓励农业生产，减轻百姓的赋税负担。同时，楚庄王加强了军队建设，提高了楚国的军事实力。

在楚庄王的努力下，楚国逐渐走出了困境，国家日益强盛。楚庄王也凭借着自己的智慧和勇气，带领楚国在诸侯中崛起，成了"春秋五霸"之一。

面对他人的劝告，有些人刚愎自用，而有些人却会知错能改，一个人如果虚心听取他人的意见，接受批评和指正，就能够促使自己更全面地认识事物，获益匪浅。

【生活悟语】

听人劝告不但能够赢得朋友和增进智慧，还能够让我们以后的路越走越宽。如果固执己见，不但耽误自己，也会导致一错再错，没有丝毫益处。

老人言

让人三分不为懦

【老人言解析】

适当退让并不是怯懦,而是一种谋略。其实在处理问题和事情时,应该得饶人处且饶人,适当的退让并不是软弱的表现,而是一种大度。所以,不要一味固执自己的想法,在适当范围内做出退让,不但不会损害自己的利益,还会得到好名声。

【人生应用:适当的退让,可以在竞争中扎稳脚跟。】

在人生旅途中,大多数人都希望自己能够出人头地、出类拔萃,可是有很多东西不是我们所能控制的,所以学会适当的妥协和退让,也是一种生存的方式。愿望无法满足的时候,就试着学会退让,拼打无法获胜;可以试着学会礼让,得不到满足是一种遗憾,而不能掌握生存的本领却是一种失败。退一步是一种妥协,是一种策略,并不是屈服和投降,它其实是一种通权达变的智慧。

有一位名叫李伯的老木匠,他手艺精湛,为人和善,在镇子里颇受尊敬。李伯的木匠铺子紧挨着一家杂货店,杂货店的老板是个精明的中年人,叫老张。

平日里,两家店铺各自经营,倒也相安无事。然而,有一天,一场意外的纷争打破了这份宁静。李伯接了一个大订单,需要在铺子外面堆放一些木材。可这木材堆放的位置,恰好挡住了杂货店的一部分店面。老张看到后,顿时火冒三丈,他冲到李伯的铺子前,大声指责李伯不应该把木材堆放在这里，影响了他的生意。

李伯觉得很委屈，他解释说这只是暂时的，等完成这个订单就会把木材搬走。但老张根本听不进去，两人你一言我一语，争吵得越来越激烈。最后，老张甚至扬言要去镇政府告状，让李伯的铺子开不下去。

这场争吵让整个小镇都议论纷纷，大家都在看着这两个平时还算和善的人会如何收场。李伯回到家后，心情十分沉重。他的妻子看到他这个样子，便询问发生了什么事。李伯把事情的经过告诉了妻子，妻子沉默了一会儿，然后缓缓地说："老头子，你忘了咱们常说的那句话吗？退一步海阔天空。你和老张这么吵下去也不是办法，不如你主动去和他道个歉，商量一下解决的办法。"

李伯听了妻子的话，心里有些不情愿。他觉得自己并没有错，为什么要道歉呢？但看着妻子担忧的眼神，他又有些动摇了。经过一夜的思考，李伯决定听从妻子的建议。

第二天，李伯早早地来到了杂货店。老张看到李伯，脸上露出惊讶的神情。李伯深深地吸了一口气，然后真诚地对老张说："老张啊，昨天是我不对，我不应该把木材堆在那里影响你的生意。我向你道歉，咱们一起想想办法，看看怎么解决这个问题吧。"

老张听了李伯的话，心里一阵触动。他没想到李伯会主动来道歉，他也意识到自己昨天的态度有些过分了。老张的脸色缓和了下来，他说："李伯，其实我也有不对的地方，我不该那么冲动。咱们一起想想办法吧。"

两人坐下来，心平气和地商量着解决办法。最后，他们决定把木材搬到一个不影响杂货店的地方，并且李伯还答应在完成订单后，帮老张修理一下杂货店的货架。

从那以后，李伯和老张的关系变得更加融洽了。

确实，退让不是倒下和毁灭，它是人生的一门艺术。我们讲进退顺其自然，并不等于一切听天由命。如果退是为了以后的进，暂时放

老人言

弃目标是为了最终实现目标,那么退本身就是进,这种退是一种进取的策略。

俗话讲,退一步海阔天空。也有老人言说:"让人三分不为懦。"暂时退却忍让,养精蓄锐,等待时机,重新筹划,这时再进,便会更快、更好、更有力。有时候,不刻意追求反而更容易得到,追求得太迫切、太执着反而只能白白增添烦恼。以柔克刚,以退为进,由低到高,这既是自我表现的一种艺术,也是生存竞争的一种策略。跳高的时候,如果离跳高架很近,想一下子就跳过去并不容易,后退几步,再加大冲力,成功的希望可能更大,人生的进退之道就是这样。

就社会生活而言,积极奋斗、努力争取、勇敢拼搏、坚持不懈的行为,其价值和意义无疑是值得肯定的。但应该看到,人生的路并不是一条笔直的大道,面对复杂多变的形势,人们不仅需要慷慨陈词,也需要沉默不语;既需要穷追猛打,也需要退步自守;既应该争,也应该让。

在人生的旅途中,总会出现彼此竞争的时刻,如果我们的力量明显占优势,采取行动以后,可以取得显著的效果时,那么就应该勇往直前;而当我们的力量处在劣势的位置时,稍一动作,就可能被对方击败,或者陷于更加被动的境地,那么,便应该以退为进,适当退让以换取生存的机会。退让只是一种权宜之计和人生手段,待时机成熟,具备了成功条件,便可由退让转为前进,由守转为攻,这样才能更快地冲向巅峰。

日本的柔道大师这样教他的学生:要像杨柳一样柔顺,不要像橡树那样挺拔。生活中的我们又何尝不是一样?我们要学会去承受挫折,而不是不撞南墙不回头。没有人能有足够的情感和精力去抗拒不可避免的事实,又创造新的生活。我们可以在不可抗争的暴风雨中弯下身子,等雨过天晴时,就是成功之时。

有时候,我们会感叹,生存真的很艰难,时刻在抵挡压力和挫折,这时我们为什么不退后一步?也许只要退后一步,我们就会在人生的

180

沙漠中看见属于自己的绿洲；也许退后一步，我们就能在生命的汪洋大海中发现属于自己的小岛。所以，不要任何时候都横冲直撞，在无法继续前行的时候，不妨退后一步，可能会发现一切都是海阔天空；心灰意冷的时候，转念一想，说不定会发现原来一切正在悄悄转向我们所期望的方向。

《菜根谭》中指出："径路窄处，留一步与人行；滋味浓的，减三分让人嗜。此是涉世一极安乐法。"这句话是说在道路狭窄之处，应该停下来让别人先行一步。只要心中经常有这种想法，那么人生就会快乐安详。

可能当我们让步时会认为自己是吃亏的，但事实上由此获得的必然比失去的多。这是一种圆滑的、以退为进的做法。今日不会退让的朋友，也许将成为明天的仇敌；而今天学会退让的对手，就可能成为明天的朋友。世事一如崎岖道路，困难重重，因此通不过的地方不妨退一步，让对方先过，之后的道路会越来越宽阔。

【生活悟语】

适当退让不是怯懦，因为我们在积蓄力量；适当忍让不是卑微，因为我们在让利求存——该退让时就退让，随后我们迎来的可能就是更广阔的天空。

老人言

弓硬弦常断，人强祸必随

【老人言解析】

弓身如果太硬没有弹性，那么弓弦就容易被崩断；人如果自恃其能、争强好胜，必然会容易惹祸。每个人都不要自恃己才，飞扬跋扈，而应该适当低调，这样才更容易在社会中立足。

【人生应用：弓身不能用硬木，做人不能太强势。】

社会上总有那样一群人，他们在拥有一定的社会地位后就自恃己才，过高地估计自己，因此做事主观性太强，办事独断专行，毫无顾忌。他们在说话、办事过程中总是过分突出自我，总想压倒对方，只需要他人的服从，不习惯他人说一个"不"字。他们尤其想得到他人的尊重，只要谁表示出一点不尊重他的意见来，他就认为这是一种对自己的侮辱，于是变得睚眦必报，有时可能会为了一点小事而将对方压迫得喘不过气来，甚至对方已经缴械投降，他还是会穷追猛打，毫不手软，置人死地而后快。

要知道弓硬弦常断，人强祸必随。为人处世不可过于争胜、过于求强，要自谦、自守。吃些亏并不是坏事，节制欲望并不是坏事，飞扬跋扈者的结局总不那么好。

康熙登基时才八岁，而辅政大臣中的鳌拜自恃功高，结党营私，不把幼主和其他三位大臣放在眼里，独断专行。

鳌拜，出身满洲镶黄旗，瓜尔佳氏。他勇猛善战，在清朝开国的过程中立下赫赫战功。凭借着卓越的军事才能和果敢的作风，鳌拜在朝中的地位日益显赫。然而，权力的膨胀也让他的野心不断滋长。

随着索尼年老病逝，苏克萨哈被鳌拜诬陷致死，遏必隆胆小怕事，不敢与鳌拜抗衡，鳌拜逐渐独揽朝政大权。他开始变得骄横跋扈，目空一切。对于年幼的康熙皇帝，鳌拜也不再像从前那般恭敬，而是将其视为一个可以随意操纵的傀儡。

鳌拜在朝堂上肆意妄为，结党营私，排除异己。凡是不顺从他的官员，都会遭到他的打击报复。他擅自决定国家大事，根本不把康熙的意见放在眼里。他的狂妄自大，让整个朝廷笼罩在一片阴霾之中。

康熙虽然年幼，但他却有着远超年龄的睿智和沉稳。他目睹了鳌拜的种种恶行，心中充满了愤怒和忧虑。他深知，如果任由鳌拜继续为所欲为，清朝的江山社稷将岌岌可危。于是，康熙暗暗下定决心，一定要除掉鳌拜，夺回属于自己的权力。

然而，要想扳倒鳌拜并非易事。鳌拜手握重兵，党羽众多，势力庞大。康熙明白，不能轻举妄动，必须精心策划，等待时机。他开始不动声色地培养自己的势力，选拔了一批忠诚勇敢的侍卫，在宫中进行秘密训练。

为了麻痹鳌拜，康熙经常表现出对玩耍嬉戏的浓厚兴趣，让鳌拜误以为他只是一个贪玩的孩子，对朝政不感兴趣。同时，康熙还时常对鳌拜表现出敬重和依赖，让鳌拜放松警惕。

在经过长时间的准备后，康熙觉得时机已经成熟。他以商议国事为由，将鳌拜召入宫中。鳌拜毫无防备地来到皇宫，却不知等待他的是一场精心策划的陷阱。

当鳌拜进入宫殿后，康熙一声令下，早已埋伏好的侍卫们一拥而上，将鳌拜团团围住。鳌拜虽然武艺高强，但在众多侍卫的围攻下，也渐渐力不从心。最终，他被侍卫们成功擒获。

康熙智擒鳌拜的故事，生动地展现了"弓硬弦常断，人强祸必随"的道理。鳌拜原本是一位战功卓著的英雄，然而他却因为权力的膨胀

老人言

而变得狂妄自大,最终走向了毁灭。他忘记了自己作为臣子的本分,妄图凌驾于皇帝之上,独揽朝政。这种过度的强大和自负,让他失去了理智和判断力,最终给自己带来了灭顶之灾。

从鳌拜的身上,我们可以深刻地认识到做人不能狂妄自大。当一个人变得过于强大时,往往容易迷失自我,忘记自己的初心和底线。他们会认为自己无所不能,可以为所欲为,而忽视了周围的人和事物。这种狂妄自大的心态,不仅会伤害他人,也会给自己带来不可挽回的后果。

在现实生活中,我们也常常看到一些人因为取得了一点成就而变得骄傲自满,目中无人。他们忘记了自己的成功离不开他人的帮助和支持,也忘记了世界是如此之大,自己还有很多需要学习和进步的地方。这样的人,最终都会在自己的狂妄中走向失败。

相反,那些谦虚谨慎、不断进取的人,却能够在人生的道路上走得更远。他们明白,无论自己多么强大,都不能忘记自己的渺小和不足。他们会尊重他人,善于倾听不同的意见和建议,不断地完善自己。这样的人,才能够真正地实现自己的人生价值,赢得他人的尊重和敬仰。

鳌拜的故事,是历史给予我们的宝贵财富。它时刻提醒着我们,要保持清醒的头脑,正确看待自己的力量。无论我们取得了多大的成就,都不能狂妄自大,而要始终保持谦虚谨慎的态度。只有这样,我们才能在人生的道路上稳步前行,避免因为过度的强大而带来的灾祸。

最后,让我们以史为鉴,铭记"弓硬弦常断,人强祸必随"的道理,做一个谦虚、谨慎、有担当的人。

【生活悟语】

收起你飞扬跋扈、蛮横霸道的高调作风,否则只会让你在社会中失去生存的空间,为他人所排斥和厌恶。

你有你的关门计，我有我的跳墙法

【老人言解析】

你有将人拒之门外的关门伎俩，我有深入其中的跳墙方法。这句老人言告诉我们做任何事情都要有所准备，有了应对的心理准备才能够轻松应对，不至于手忙脚乱。

【人生应用：不管东西南北风，我自有应对策略。】

人们在社会中行事，难免会遇到不知所措的情况，如果这时你没有思想准备，没有临场应急的经验和措施，你根本就不能从容、洒脱地应付意外的窘境，破除僵局。当你忽然不知不觉中陷入困境时，就非常需要机智来对付。

有人说过，所有成功的秘密都在于对你身边的一切保持高度的关注，调整自己以适应周围的环境，做到富有同情心、乐于助人，意识到时间资源的宝贵，在适当的时间说别人想听的话和需要听的话，仅仅做事情是远远不够的，还必须在适当的时间和适当的场合机智地做。

机智是良好的性情、敏锐的洞察力，以及在紧急时刻快速反应能力的综合产物。机智从来都不是咄咄逼人的，而是像柔和的春风一样消除人们的猜疑，并抚慰着人们的心灵。它是一种迂回的策略，但其中没有任何虚伪的成分和欺骗的成分，这也是出于对他人的考虑，而不是出于个人的私心。它从来都不是敌意的、对立的，从来都不会触犯别人的忌讳、揭开他人的伤疤，从来不会令他人烦躁不安或火冒

老人言

三丈。

　　机智的人总是能够巧妙地化解矛盾，避免冲突的升级。他们懂得在复杂的人际关系中找到平衡，以温和而坚定的方式解决问题。比如，在一场激烈的商业谈判中，双方僵持不下，气氛紧张。这时，一方的代表展现出了机智的一面。他没有强硬地坚持自己的立场，而是先对对方的观点表示理解和尊重，然后巧妙地引入新的视角和解决方案。通过这种方式，不仅缓和了紧张的气氛，还为双方找到了一个共赢的出路。

　　在日常生活中，机智也能让我们更好地处理与亲朋好友之间的关系。当朋友之间发生误会时，机智的人会用恰当的言语和行动消除隔阂，让友谊得以延续。在家庭中，面对亲人之间的矛盾，机智能够充当调和剂，让亲情更加深厚。可以这样说，拥有机智，我们就能在人际交往中如鱼得水，为自己和他人创造一个更加和谐、美好的环境。

　　有这样一个家庭，女主人在外人看来简直每天都在创造奇迹。她的丈夫每次吃早饭时都是一副匆匆忙忙的样子，他是一个脾气乖戾的人，尤其是在早晨，仿佛任何事情都在刺激着他的神经并令他烦躁不安。他起床总比别人晚，如果有什么东西没有马上为他准备好的话，他在一瞬间就会勃然大怒。然而，他那文雅的、温柔的、娴静的妻子每次都能临危不乱、镇定自若，不管是什么地方出现了问题，她都能凭借着那机智的头脑和温顺的性格巧妙地平息风波。如果丈夫对咖啡表示不满的话，她会迅速地走进厨房，几分钟之后，她就端出来另一杯热腾腾、冒着香气的咖啡，并把它放在丈夫的手上。这样，丈夫也就没有什么话说了。

　　有的时候，丈夫在脾气发作时会怒不可遏地把不合口味的饭菜撒得满地都是。每逢这种场合，这位能屈能伸的妻子就告诉自己，这是因为她丈夫的业务过于繁忙紧张，因而他被搞得头晕脑涨、失去控制的缘故。

　　这位女主人似乎能够应付任何紧急状况，不管是多大的风暴，在她的温柔和与甜美安宁中都会消逝得无影无踪。她就像一束温暖的阳光一样,给这个家庭的每一个角落带来了光明和温馨。

在这个世界上,我们为人处世方面最重要的一条原则就是时时刻刻要告诫自己友善待人,对于那些我们并不感兴趣的人,我们必须尽量地展现出亲和力。生活的逻辑是先失去后才有所得,先给予后必有所获。现在我们提倡竞争,目的是充分发挥人的潜能和创造性,推动社会进步。越是竞争,越需要和谐的人际关系,越需要人情味。对于有教养的人来说,他总是能够在任何人身上找到某些令他感兴趣的东西。

【生活悟语】

做任何事情都有所准备,才能够做到处变不惊,才能够有从容面对的心态。因此,做事不要由着心意横冲直撞,而应该做好最好的打算和最坏的打算,这样做会使我们成为一个不怕任何艰难险阻的人。

老人言

家有千金，不如薄技随身

【老人言解析】

纵有家财万贯，但是在关键时刻也不如身有薄技，这样生存才更轻松。一个人在社会上立足，自身的技术和技能才是赖以生存的重要条件，也是个人谋生的手段。

【人生应用：身负技艺才是生存的最根本方法。】

现在的社会竞争非常激烈，仅仅凭借祖上的余荫和底蕴来生存必然不是长久之计，想要真正生存下去，就需要有一技加身，而且一门真正的本领也能够让人感受到成功的喜悦和付出的愉悦。

一只猫在森林里遇到一只狐狸，心想：它又聪明，经验又丰富，挺受人尊重的。于是它很友好地和狐狸打招呼："早安，尊敬的狐狸先生，您好吗？这些日子挺艰难的，您过得怎么样？"

狐狸傲慢地将猫从头到脚地打量了一番，半天拿不定主意是不是该和它说话。最后它说："哦，你这个倒霉的长着胡子、满身花纹、饥肠辘辘地追赶老鼠的家伙，你会啥？有什么资格问我过得怎么样？你都学了点什么本事？"

"我只有一种本领。"猫谦虚地说。

"什么本领？"狐狸问。

"有人追我的时候，我会爬到树上去藏起来保护自己。"

"就这本事？"狐狸不屑地说，"我掌握了上百种本领，而且还有满口袋计谋。我真觉得你可怜，跟着我吧，我教你怎么从追捕中逃生。"

就在这时，猎人带着四条狗走近了。猫敏捷地蹿到一棵树上，在树顶蹲伏下来，茂密的树叶把它遮挡得严严实实。"快打开你的计谋口袋，狐狸先生，快打开呀！"猫冲着狐狸喊道。狐狸没有猫的本领，只能绞尽脑汁想办法，可是它想出的上百条计谋根本就没有作用，它不得已只得钻进许多个洞穴。它有很多次把猎狗引入了歧途，可是始终没有找到安全的隐蔽处，最后它躲进了一个小洞里，可是洞太小了，狐狸忍受不了这种苦，便冒险钻出了地面，很快就被猎狗扑倒咬住了。

"哎呀，狐狸先生，"猫喊道，"你的千百种本领就这么给扔掉了，假如你能像我一样爬树就不至于丢了性命了！"

其实很多时候艺多不养身，许多蹩脚的本领对做好事情来说并没有什么用处，反而扎扎实实练好一门本领或技艺，才是最重要的，在关键时刻就能够派上用场。

一位王子爱上了一位美丽的民间姑娘，并准备向她求婚。王子以为，以他的身份向一个民间姑娘求婚必然马到成功，对方甚至会高兴得不知所措。可是姑娘却提出了一个条件，姑娘要求王子必须学会一门技艺，然后才会嫁给他。王子为了博得姑娘的欢心，平日养尊处优的他不得不拜师学艺，经过很长时间，终于学会了织毛毯。王子新学会的技艺终于通过了姑娘的考验，达成了姑娘的条件，于是他终于得以娶到这位美丽的姑娘。

若干年后，王子成了一位国君，然而在一次与敌国的战争中被敌国擒获了，被关押在了一个偏僻的地方。被关进牢笼的国君绞尽脑汁考虑自己该如何逃脱，在苦苦思索时，国君突然想到可以借助织一条毛毯来告知王后自己所在的位置。于是他向看守自己的卫兵说自己很寂寞，想织一条毛毯来打发时间，守卫想到织一条毛毯他并不能逃走，于是便答应了国君的条件。这位国君在牢房中织起了毛毯，当然，他把自己的位置巧妙地织进了毛毯的花纹中。毛毯织好之后，国君告诉

老人言

看守这条毛毯很讲究，如果要卖到他们国家的王宫中定然可以卖到好价钱。见钱眼开的看守为了多得点钱，果然将毛毯卖到了他的王宫里。聪明的王后一看就知道这条毛毯是国王编织出来的，仔细查看后很快就发现了国王被关押的位置。于是她带了很多英勇的将士到那里将国王救了出来，得救的国王感慨地说道："当年王后让我学的这点技艺真的救了我的命啊！"

这才真正是家有千金，不如薄技随身。连一国之君在遭遇危险时都能够凭借一个薄技来安身立命，何况我们普通人。其实只有真正的技艺，才能够为我们的生活带来好处，如果只是略通许多本事，到最后关键时刻却无法起到作用，那么这些技艺就成了摆设。

【生活悟语】

不要只是坐吃山空，有些薄技才能够让自己有所倚仗。在遇到危机的时候，这一个薄技有可能就会成为我们生存的救命技能。

枪打出头鸟，刀砍地头蛇

【老人言解析】

猎人的枪会打露头的那只鸟，刀砍的也多是那些跑出地头的蛇。凡事好出风头的人，往往会容易受到打击，所以做事一定不能太过高调。

【人生应用：不做出头鸟，再有才也别傲。】

一个人，纵使才华横溢，也不应骄傲自满。历史的篇章中，有无数因骄傲而自毁前程的例子。祢衡，东汉末年的一位名士，才华出众，善写文章，能言善辩。然而，他却自恃才高，狂傲不羁。祢衡初到许昌时，有人劝他去拜访当时的名士陈群和司马朗，他却不屑地说："我怎么能跟杀猪卖酒的人结交呢！"之后，祢衡在曹操面前击鼓骂曹，将曹操及其手下的众多文臣武将贬得一文不值。尽管祢衡确实有才华，但他的狂傲却让他四处树敌，最终被黄祖所杀。祢衡的悲剧，正是因为他不懂得收敛自己的傲气，成了那只出头鸟，最终落得悲惨的下场。

再看三国时期的马谡。马谡自幼熟读兵书，论兵法常常能说得头头是道，深得诸葛亮的赏识。然而，在街亭之战中，马谡骄傲自大，不听从诸葛亮的部署和副将王平的劝阻，执意要在山上扎营。他自以为熟读兵法，能够以智谋取胜，却不料被张郃截断水源，导致蜀军大败。街亭失守，不仅使蜀军的战略布局受到重大影响，也让马谡自己付出了生命的代价。

与之相反，东晋时期的王猛，虽有经天纬地之才，却懂得低调谦逊。王猛在苻坚的麾下，为前秦的崛起立下了汗马功劳。他在政治、军事等方面展现出卓越的才能，但他从不居功自傲，始终保持着清醒的头脑。在苻坚对他倍加赞赏时，他依然谨言慎行，兢兢业业地为其谋划。正是因为王猛的低调和沉稳，他得以在复杂的政治环境中发挥自己的才能，帮助前秦实现了短暂的强大。

在现代社会，这样的例子也并不少见。曾经有一位年轻的科研工作者，在某个领域取得了突破性的研究成果，一时间成了学术界的焦点。然而，在荣誉和赞扬面前，他开始变得骄傲自负，不再虚心学习和与同事合作。他急于发表更多的论文，追求更多的个人荣誉，却忽视了研究的严谨性和团队的力量。最终，他的研究成果被发现存在严重的错误，声誉一落千丈。

而另一位科技公司的创始人，虽然带领团队研发出了具有创新性的产品，但他始终保持着低调务实的作风。面对媒体的采访和外界的赞誉，他总是强调团队的努力和合作的重要性。他不断地学习和改进产品，倾听用户的反馈，不被一时的成功冲昏头脑。正因如此，他的公司得以不断发展壮大，在激烈的市场竞争中立于不败之地。

这些故事告诉我们，无论在哪个时代，无论有多大的才华，都不能成为那只骄傲的出头鸟。骄傲会蒙蔽我们的双眼，让我们失去对自身的正确判断，忽视潜在的危险和他人的感受。而保持谦逊，不做出头鸟，才能让我们更好地与他人合作，不断进步，实现更长远的目标。

在生活中，我们或许都曾有过因取得一点成绩而沾沾自喜的时候，但我们应该时刻提醒自己，不要被短暂的胜利冲昏头脑。要学会在成功时保持冷静，在失败时保持勇气，以平和的心态面对人生的起起落落。

不做出头鸟，再有才也别傲。这并非要我们埋没自己的才华，而是要以一种更加智慧、更加成熟的方式展现自己。只有这样，我们才能在人生的道路上走得更远、更稳，创造出更加辉煌的成就。让我们铭记这一准则，用谦逊和勤奋书写属于自己的精彩篇章。

【生活悟语】

不要过分张扬，若因为太过展示自己而造成他人嫉妒，则会得不偿失，适当低调才是生存之道。

当断不断，反受其乱

【老人言解析】

在关键时刻该做出决断而不做决断，就会延误时机，最终受到祸乱。做事不能太过犹豫不决，该决断就要决断，思前想后并不一定对我们做事有益。

【人生应用：全面考虑，果断办事。】

凡事不想一想就行动，往往太过莽撞，但是若在行动前思前想后、考虑太多、顾虑重重，就会容易自我怀疑。所以，做事就需要坚决果断，尤其是面对选择和挑战的时候更需要坚决，做好选择该断就断，只有这样才能够及时抓住机会。

有这样一个传说：战国时期，楚考烈王没有儿子，春申君将很多有生育能力的女子献给楚王，但终究不能生子。赵国人李园想把妹妹献给楚王，但听说楚王不能生育，担心她日久在宫里会失宠，便用手段诱使春申君收纳其妹为妾。后来李园之妹有了身孕，兄妹密商以后，李园之妹对春申君说："楚王宠信您，超过了他的兄弟，如今您为相二十多年，而楚王又无子，他死后，其兄弟继位，他们各有所亲，您怎能长久保持荣华富贵呢？而且，您掌权时间很长，在与楚王的兄弟们相处的过程中，失礼与得罪他们的地方很多，那时，恐怕就会大祸临头！还怎能保住相位和您的封地呢？"

这个女人恫吓了春申君一阵子以后，接着神秘兮兮地说道："现在妾已怀有身孕，如能凭着您跟楚王的亲密关系，趁此时您将妾献给楚王，妾托老天的福，将来若生下个男童，那就是您的儿子，也就是未来的楚王，这样，比起受别人管辖，时刻担心会有不测的祸患，不是要强得多吗？"春申君便借机将这女子献给了楚王，果然生下个男孩，被立为太子，李园的妹妹被立为皇后，李园也因此受到楚王重用，手握大权。李园受到重用后，十分专横，根本不把春申君放在眼里，春申君非常不满，两人反目成仇，李园害怕他把太子的事情泄露，便偷偷收养刺客准备杀人灭口。

楚考烈王患病后，春申君的家臣有个叫朱英的知道了这件事，对春申君说："世人有不测之福，又有不测之祸、不测之人。如今您处在不测的世道中，服侍不测的君王，那么，您周围有没有不测之人呢？"春申君问："什么叫不测之福？""您做楚相已经二十多年了，虽然名义上是相国，实际就是楚王。如今楚王病危，太子幼小，楚王一旦归天，您辅佐幼小的君主，就像古时的周公一样。或者，您自己当王，永远拥有楚国。这就是我所说的不测之祸。""什么叫不测之祸？""当前，李园虽然还没有执政，但他是王舅；他不担任领兵的将军，但很久以来，他却私下养了一批为他舍死效忠的军士。楚王一旦去世，李园必然抢先入宫，假托楚王的遗旨，执掌大权，任意专断，杀您灭口，这就是所说的不测之祸。""那什么叫不测之人？""您现在就抢先任命我为郎中（在宫内充侍卫的官名），待到楚王去世后，李园如果真的抢先进宫，我就帮您杀掉他，这就是我所说的不测之人。"春申君摇摇头，说："先生，算了罢！不要再说了。李园是一个懦弱的人，我待他又很好，他怎能干出那种事来呢？"春申君想来想去，一直没有接受朱英的劝告。

朱英见春申君听不进他的告诫，怕将来受到牵连，便逃走了。十多天后，楚考烈王病死，李园果然抢先进宫，埋伏下杀手，待春申君来到时，刺杀了他，并割下他的头扔到宫门外。然后命令杀掉了春申君的全家。

老人言

　　春申君就是因为该断时不断，因此遭到了迫害。在现实生活中做事真正果敢的人并没有多少，很多人在关键时刻总会左顾右盼犹豫不决，结果就错失了很多良机。因为对事情缺乏快速的分析和敏捷的判断，缺乏对全局的理解，才不能审时度势，不能抓住问题要害，最终贻误良机。

　　想要把握机遇就要当机立断，这需要我们拥有审时度势的能力，依靠丰富的经验和敏锐的直觉来做判断。这种决断是一种智慧，它不是一种复杂的计算，而是一种大智大勇。

【生活悟语】

　　无知的人对事物把握不够，从而犹豫不决。我们想要做事果敢，就要先对事情了解清楚，清晰其本质才能够迅速做出决定。

巧干能捕雄狮，蛮干难捉蟋蟀

【老人言解析】

用巧妙的方法能够捕捉到凶猛的狮子，而只用力量蛮干，可能连一只蟋蟀都无法捉到。这句老人言就是说我们做事要讲究方法，不能凭借一腔热血蛮干。

【人生应用：技大于力，智高于猛。】

在现实生活中，很多人做事都是不经过任何计划和思考就开始行动，从而花很多无用的力气后无法达到很好的效果。真正要想做好一件事情，就需要我们先分析、了解事情的内涵，从而才能够轻松有效地将事情办妥。

一个身体强壮的年轻人到伐木厂去应聘伐木工，老板看他身体壮实挺适合干这个工作，就让他留了下来。第二天这个人很早就起床，一天下来伐了二十棵树。老板夸奖他："你真行，你是我们这里一天伐木最多的人。"

第三天这个工人起得更早，但是一天下来伐了十七棵树，不过老板说："十七棵也是最多的了。"第四天这个工人起得比第三天更早，结果到最后只伐了十五棵树，老板说："十五棵也是最多的。"

这个工人开始疑惑了："为什么我每天伐树的数量会逐渐下降呢？"老板就问："你的斧头磨锋利了吗？"这个工人这才恍然大悟，原来是斧子钝了的缘故。

老人言

　　埋头做好领导交办的事情本是无可厚非的,不过要想迅速攀到职业巅峰,这是远远不够的。许多人为了在领导面前表现自己,常常加班加点工作。这些人错误地认为唯有这样才能得到上司的赏识。其实工作效率与工作业绩才是最重要的,不能盲目地为忙而忙,也不能为做表面文章而假忙,结果却没有任何成绩。

　　刘亮毕业于一所普通高校,刚进入投资公司时,他看起来才智平平,没有什么特别之处,不过了解他的人都知道,每次进入到一个新的单位时,他的发展总比其他员工顺利一些。刘亮自己也清楚,有时候,勇气、耐心和智慧比埋头苦干更有效。

　　从参加第一天的员工会议开始,他就勇于发言,给领导留下了初步印象。当其他新员工埋头苦干,还分不清单位里谁是谁的时候,刘亮已经掌握了老员工的大致情况。进入公司不到一年,他就成了办公室的副主任。

　　其实我们不难发现,埋头苦干不如巧干。要是没有特殊的专业技能,我们完全可以去做一个像刘亮那样的有心人。若没有超群的能力,请保持积极的工作态度,这样也能迅速攀登上职业高峰。

　　工作中,没有一成不变的工作任务,处置不同的情况,需要我们因时、因地制宜,做出不同的决策。做事时,需要一种求实的态度和科学的精神,在任何情况下都要按科学规律办事,自觉用理智战胜冲动,用巧干代替蛮干。这才是职场成功的捷径,不能深刻理解这一点,将事倍功半。

　　巧干是一种分析判断、解决问题和发明创造的能力,是敏锐机智、灵活精明的反映,也是充满活力、随机应变的智慧。知识经济时代就是巧干升值的时代。

　　很多发明都是因为发明者忍受不了日复一日、年复一年的辛苦劳作,他们认为总会有更轻松、更快捷、更便宜、更简单和更安全的法子,总能找到更好的减轻工作负担的方法。

　　巧干是抓住了事情的关键,并找到了有针对性方法的结果。巧干既可以减少劳动量，又可以达到事半功倍的效果。若我们发现自己付出的辛勤汗水并不比别人少，但成绩却总没别人好时，就要寻找原因：方法技巧问题。所以在工作中，我们一定要注意做事的技巧和智慧，用目标明确的巧干代替无头的蛮干。

【生活悟语】

别闲置自己的智慧不用，我们的大脑不仅仅是指挥身体的工具，更是智慧的结晶和载体。用智慧来代替蛮干，做起事情来才能更有效率，才能够更快地获得更高的成就。

老人言

看风使舵，顺水推舟

【老人言解析】

开始刮风后，顺着风的吹向来转舵，船才能平稳；水流改变，就应该顺着流水方向转变船的方向，这样才能够顺利。这句话其实是告诉我们要懂得随机应变，不知变通永远不可能成功。

【人生应用：顺应变化、知通变，才能够越行越远。】

世人看到无头苍蝇瞎碰壁的时候，大多数人会忍俊不禁，殊不知人类自身常因不知随机应变，而碰了多少次壁。天地间没有不变的事情，万事万物，随时而变，随地而变，随社会的发展而变，随人的生理、情感、观念而变。时时在变，人人在变，没有不变的道理。不管做什么事，如果不知变通，那是绝对不可能成功的。

东汉末年，何进被宦官杀害后，董卓便按何进生前的决定来到中原，由于董卓无能，中原被他搅得乱成了一锅粥。当初，郑泰是反对招董卓进京的。可是，木已成舟，董卓已经是中原的霸主，让他回去是不可能的了。郑泰只能凭自己的才能，尽可能地挽回一些损失。首先，他与伍琼等人劝说董卓，让他委派袁绍为渤海太守。袁绍是铲除宦官势力的主谋和主要组织者，他对董卓的倒行逆施极为不满，让他任渤海太守，有利于将来组织力量讨伐董卓。不出所料，袁绍、曹操等各路兵马很快就组织起来，他们公开讨伐董卓，董卓见状也要派兵前往征讨。郑泰不想让他出兵，便劝道："施政重在仁德，不在人多。"

董卓反问:"照你这么说,军队就没用了吗?"郑泰说:"山东那一带不值得派大兵去讨伐。"为此,他还摆出了十条理由,分别是:"对方的力量并不是很强,不必派很多军队去;无论是在国家还是在疆场,您的名声很大,人们都敬畏您;张邈、孔伷等人都无统兵才能,都不是您的对手;山东一带士大夫向来缺少张良、陈平一类高级谋士;即使有这类人,因为得不到王爵,也不可能为袁绍等人谋划;您统率的关中,将士勇猛,天下无敌;关中一带少数民族不少,他们作战极其勇猛,他们帮助您,会如虎添翼;您的部下对您忠心耿耿,忠勇相兼,征伐别人如摧枯拉朽;您现今执掌军国大权,仁德在握,一旦奉命讨伐,谁能抵挡?山东一带的大儒都没有站在他们那边,他们怎么能取胜呢?"

董卓原本就是一个大草包,听了郑泰这些奉承话果然十分高兴,认为他说得不错,于是封郑泰为将军,放弃了讨伐袁绍等人的计划。

郑泰在当时复杂的形势下,能以自己的口才劝阻董卓对袁绍等人的征讨,并能取得成效,体现了他通达权变的才能。这种通权达变的智谋,对于我们也极其重要。其实只要于人于己有利,各种变通的办法都可以运用。

有一位在美国留学的计算机博士,辛苦了好几年,总算毕业了。可是,虽说是拿到了响当当的博士文凭,却一时难以找到工作。他多次被大公司拒绝,最终生计都没有着落,这个滋味并不好受。于是他苦思冥想,想找个办法,谋个职位。他决定收起所有的学位证明,以一种最低身份去求职。

这个法子很灵验,他很快就被一家公司录用为程序员。这件事对他来说简直是大材小用。不过,他吸取前几次找工作的教训,还是一丝不苟、勤勤恳恳地干着。不久,老板发现这个新来的程序输入员非同一般,他竟然能看出程序中的错误。这时,这位博士生掏出了学士证书,老板二话没说,立刻给他换了个与大学毕业生相对应的职位。

又过了一段时间,老板发现他时常还能为公司提出许多独到而有

老人言

价值的见解，这并不是普通大学生的水平。这时，他又亮出了硕士学位证书，老板看了之后又提升了他。他在新的岗位上干得很出色，老板觉得他还是与别人不一样，非同小可，于是，老板把他叫到办公室，此时，他才拿出来自己的博士证。老板对他的水平有了全面的认识，便毫不犹豫地重用了他。

　　这位博士找工作的经历表明，许多时候如果直接进取可能会失败，但是若后退一步再迂回前进，却能如愿以偿。这位博士的聪明之处在于能以退为进，从而达成了让人认可自身能力的机会。《韩非子·五蠹》中说，世道不同，那么事情也就不同；事情不同，那么相应地措施也不同。在现实生活中，若一个办法行不通，那么我们就要想另外的办法，通达权变，这样才不会碰壁。

【生活悟语】

　　变通是永远不变的真理，在社会生存不能太过死板，不撞南墙不回头的经验教训有很多，我们应该善于变通，从变通中寻找出头的方法。

打铁要自己把钳,种地要自己下田

【老人言解析】

打铁的人想要将铁打好,就要自己来拿钳子;种田的如果想有好收成,就需要自己亲自下田种庄稼。在我们的生活中,不能完全依靠他人,而应该多靠自己,自力更生才能够有强劲的生存能力。

【人生应用:自力更生,自给自足,才可丰衣足食。】

天地万物之间,最能依靠的不是他人,而是我们自己。在社会中生存我们不能对别人期望过高,不应该期望任何人为了你而改变他们自己的生活方式,而应该凭借自己的能力,自己帮助自己。

在一个遥远的山村里,有一个名叫林风的年轻人。林风出生在一个贫苦的农民家庭,父母都是朴实的庄稼人,靠着辛勤的劳作勉强维持着一家人的生计。

林风从小就目睹了父母的辛苦,他深知生活的不易。在他的记忆里,每一顿饭都是父母用汗水换来的,每一件衣服都是经过无数次缝补才得以继续穿在身上。然而,尽管生活艰苦,林风的父母却始终坚守着一份勤劳和坚韧,他们用自己的双手为林风创造了一个虽然简陋但却充满温暖的家。

随着年龄的增长,林风渐渐明白了自力更生、自给自足的重要性。他看到村里那些富裕的人家,都是通过自己的努力和奋斗,拥有了大片的田地和丰厚的家产。而那些只想着依赖他人的人,却往往生活在

老人言

贫困之中。林风暗下决心，一定要通过自己的努力，让父母过上好日子，让自己的家庭摆脱贫困。

为了实现这个目标，林风开始努力学习各种农业知识。他向村里的老农民请教种植技术，阅读各种关于农业的书籍，不断地探索和尝试新的种植方法。在他的精心照料下，家里的庄稼长得越来越好，收成也越来越多。

然而，林风并不满足于此。他知道，仅仅依靠种地是无法真正实现丰衣足食的。于是，他开始思考其他的致富途径。有一天，林风在山上砍柴的时候，发现了一种野生的果树。这种果树结出的果实甜美可口，非常受欢迎。林风灵机一动，他决定把这些野生果树移植到自己的田里，进行人工种植。

说干就干，林风开始了他的果树种植计划。他花费了大量的时间和精力，在山上寻找合适的果树，然后小心翼翼地把它们移植到自己的田里。为了让这些果树能够茁壮成长，林风精心地照料着它们，浇水、施肥、修剪，每一个环节都不敢马虎。

经过一段时间的努力，林风的果树终于开始结果了。这些果实不仅味道鲜美，而且产量很高。林风把这些果实拿到市场上去卖，很快就受到了人们的欢迎。他的收入也因此大大增加，家里的生活条件也得到了很大的改善。

但是，林风并没有因此而骄傲自满。他知道，要想真正实现自力更生、自给自足，还需要不断地努力和创新。于是，他开始尝试种植其他的农作物和水果，不断地扩大自己的种植规模。同时，他还学习了一些养殖技术，在家里养了一些鸡、鸭等家禽，为家庭提供了更多的财富来源。

随着时间的推移，林风的努力终于得到了回报。他的家庭变得越来越富裕，生活也越来越美好。他不仅让父母过上了幸福的晚年生活，还为村里的其他贫困家庭提供了帮助和支持。他用自己的实际行动证明了自力更生、自给自足的重要性，成了村里人人敬仰的榜样。

在林风的故事中，我们看到了自力更生、自给自足的力量。只有通过自己的努力和奋斗，我们才能真正实现丰衣足食，过上幸福美好的生活。在这个充满挑战和机遇的时代，我们应该像林风一样，勇敢地面对困难，不断地努力和创新，用自己的双手创造属于自己的未来。

【生活悟语】

任何一个成功者都是依靠自身的努力获得的成功，即使在此过程中借助了别人的力量和帮助，但是起主导作用的还是自身——君子求诸己，小人求诸人。

第7章

人生感悟：
融汇自身感悟，走出自主人生

种花一年，看花十日

【老人言解析】

种花养花需要一年的时间，而花开赏花的时间却仅仅有十天。这句老人言是告诉我们很多成果是得之不易的，也有青春珍贵，要注意珍惜的意思。

【人生应用：不断努力才能有所成就，成功不是唾手可得的。】

毋庸置疑，我们每一个人都渴望抵达成功的彼岸，然而，成功并非轻易可及，它需要我们付出持续不懈的努力，正如同"种花一年，看花十日"所蕴含的深意，那短暂的绚烂背后是长久的辛勤耕耘与悉心呵护。以下两个案例，能让我们深刻领悟这一道理。

故事一：

小明出生在一个小镇上，从小就对音乐有着浓厚的兴趣。他的家境并不富裕，父母无法为他提供专业的音乐培训，但这并没有阻挡他对音乐梦想的追求。

在学校里，小明积极参加各种音乐活动，利用课余时间自学音乐知识和乐器演奏。他经常一个人在操场的一角练习唱歌，一练就是几个小时，尽管声音嘶哑，他也从未放弃。为了提高自己的演唱水平，他还参加了各种歌唱比赛，然而，最初的他并没有取得优异的成绩，甚至还遭受过评委的批评和同学们的嘲笑。

但小明并没有气馁,他深知自己的不足,开始更加努力地学习。他省吃俭用,购买音乐教材和唱片,模仿优秀歌手的演唱技巧,不断地打磨自己。同时,他还积极寻找机会参加各种演出,哪怕是在一些小酒吧或街头表演,他也全力以赴,只为了积累更多的舞台经验。

随着时间的推移,小明的努力逐渐得到了回报。他的演唱水平有了显著的提高,在一次重要的音乐比赛中,他凭借出色的表现脱颖而出,获得了评委和观众的高度认可。此后,他的音乐事业逐渐走上正轨,开始发行自己的歌曲,举办个人演唱会,收获了众多粉丝的喜爱和支持。

在小明已经成为一名备受瞩目的音乐人后,他也未忘记自己的初心和曾经付出的努力。他明白,成功是来之不易的,只有不断努力奋斗,才能在音乐的道路上越走越远。

故事二:

小娜是一位极具天赋的运动员,然而,她的成功之路同样充满了艰辛与挑战。

在职业生涯初期,小娜面临着诸多困难。训练条件艰苦,缺乏足够的资金支持和专业的教练团队,但她凭借着热爱和顽强的毅力坚持了下来。她每天早早地起床进行体能训练,无论烈日炎炎还是寒风刺骨,训练场上都能看到她挥汗如雨的身影。

在技术方面,小娜不断钻研和改进自己的打法。她反复观看比赛录像,分析自己和对手的优缺点,有机会就向国内外的优秀教练请教学习。为了提高自己的竞技水平,她还频繁地参加国内外的各种比赛,积累经验。然而,在比赛中,她也遭遇过无数次的失败和挫折,伤病也时常困扰着她,但她始终没有放弃。

经过多年的努力和拼搏,小娜终于迎来了自己的辉煌时刻。她在国际赛场上屡获佳绩赢得了极高的荣誉。她的成功不仅为自己带来了荣耀,也激励着无数怀揣梦想的年轻人勇敢地追求自己的目标。

小娜的故事告诉我们,无论天赋如何,只有通过不断努力和付出,才能在自己热爱的领域取得成功。她用自己的实际行动诠释了"不断努力才能有所成就，成功不是唾手可得的"这一道理。

小明和小娜的故事，虽然来自不同的领域，但都向我们传递了一个共同的信息：成功需要付出长期而艰苦的努力。他们在追求梦想的道路上，都经历了无数的挫折和困难，但他们始终坚持不懈，不断地提升自己，最终实现了自己的目标。

"种花一年，看花十日"，我们不能只看到成功瞬间的辉煌，而忽视了背后漫长的努力过程。在现实生活中，我们常常会羡慕别人的成功，却忽略了他们为此付出的汗水和努力。我们应该明白，没有任何一种成功是偶然的，只有脚踏实地，一步一个脚印地去努力奋斗，才能在自己的人生道路上绽放出绚丽的光彩！

【生活悟语】

不要去羡慕他人所获得的果实，想要拥有自己的成就，就需要自己奋斗，而且在此过程中，我们所经历的一切也是我们最值得怀念和回忆的历练。

老人言

一竿子打翻一船人

【老人言解析】

一竿子就将一船的人都轰到船下。在做事的时候我们不能太过主观,人有好有坏,如果在一群人中有几个坏人,就认为全部都是坏人,将人都赶到坏人堆里,那么我们就有可能冤枉好人。我们看问题不要太过片面,应该全面考虑,否则就会连累别人。

【人生应用:别凭某人品性判断他人,也勿凭一件事的好坏就断定结果。】

很多时候,我们是无法简单地评判人的好坏的,因为我们见到的是人的某些方面,不可能了解对方的所有情况,可能在我们的眼中对方是坏人,但是在其他方面对方可能是个完美的好人;而有时在我们眼中对方是个很好的人,可能在其他地方对方就可能是个很坏的人。事情同样如此,在某个角度看来事情很复杂,但是换个角度,事情就有可能变得很简单。

小镇上,生活着一群善良而勤劳的人们。这里的人们互帮互助,邻里之间关系融洽,小镇处处洋溢着温暖与和谐。

然而,有一天,一件意外的事情打破了小镇的宁静。镇上的一家杂货店在夜里遭了贼,店里的一些贵重物品被偷走了。店主老王发现后,痛心疾首,立刻报了警。

警察很快来到现场进行调查,但是由于线索有限,一时之间难以确定盗贼的身份。这个消息在小镇上迅速传开，人们纷纷议论起来。有些人开始变得紧张和不安，担心自己的家也会遭到盗贼的光顾。

在这个过程中，有几个平时行为不太端正的年轻人进入了大家的视线。他们经常在镇上闲逛，无所事事，有时还会惹一些小麻烦。于是，一些人开始怀疑是不是这几个年轻人干的坏事。

这种怀疑渐渐在小镇上蔓延开来，越来越多的人开始认为就是这几个年轻人偷了杂货店的东西。他们在背后指指点点，对这几个年轻人充满了厌恶和不信任。

其中一个被怀疑的年轻人叫小李。小李其实并不是一个坏孩子，他只是因为家庭困难，早早辍学，又找不到合适的工作，所以才会经常在镇上闲逛。他听到大家的议论后，感到非常委屈和伤心。

小李决定要为自己和其他被怀疑的年轻人证明清白。他开始主动配合警察的调查，提供自己在案发当晚的行踪和证据。同时，他也四处寻找线索，希望能尽快找出真正的盗贼。

在小李的帮助下，警察终于发现了一些新的线索。原来，盗贼是一个从外地流窜过来的惯犯，与小镇上的这几个年轻人毫无关系。

当真相大白的时候，小镇上的人们都感到非常羞愧。他们意识到自己因为一时的怀疑，差点冤枉了好人。他们开始反思自己的行为，明白了不能一竿子打翻一船人的道理。

这件事情过后，小镇又恢复了往日的宁静与和谐。人们更加珍惜彼此之间的信任和友谊，也学会了在看待问题的时候更加全面和客观。

在生活中，我们常常会因为一些片面的信息或者个别不好的行为，而对一群人产生偏见和误解。这种偏见不仅会伤害到无辜的人，也会破坏我们与他人之间的关系。

当我们面对一个问题或者一种现象的时候，我们应该保持冷静和理性，不要轻易地做出判断。我们要学会收集更多的信息，从不同的角度去分析问题，全面地了解事情的真相。只有这样，我们才能避免因为片面的看法而冤枉好人，也才能更好地与他人相处。

老人言

【生活悟语】

　　人都是善变的,所以不要太过主观片面地认为某些人就是自己认为的那样,更不要将所有人都看成自己所感觉的那样,毕竟很多人我们是不了解的。

脖子再长，高不过脑袋

【老人言解析】

脖子伸得再长，也是不可能比自己的头更高的。世界上所有事情都是有度的，我们要想能够有更多的收获，就必须把握好度。

【人生应用：凡事要有度，学会把握度才能成就自我。】

知道如何行动，知道如何节制，只有贤能的人才能办到；能够忍辱负重，能够施展才华，才是大丈夫的气概。邵雍说："知行知止唯贤者，能屈能伸是丈夫。"其中的"行""止""屈""伸"，就是适度，就是当行则行，当止则止；当屈则屈，当伸则伸。

战国时期有一个研究神农氏学问的人，主张市场上的物价都应该一样，他认为这样便可以使社会公平，可以消除欺诈。孟子却认为按照这一主张行事，是率领大家走向虚伪。市场上的各种货物，品种不一样，它们的价格自然就有几倍、十几倍，甚至几十倍的差别，这是事物自然形成的秩序，漫天要价，价不称物，那是过度，也叫过分；不顾理序，不同货物都一个价，也是失度，假如一定要使它们一致，必然扰乱天下。

在行事过程中，行动取舍都不可失度，失度便会乱套，便会坏事，便会受到惩罚；饮食无度，便会伤身；贪婪无度，可能招来杀身之祸；玩笑无度，会伤感情，有时甚至在无意中与人结怨。人虽然渴望自由，但是也需要有个度，从安身立命的行为方式看，归根到底，还是度中

老人言

的自由，也只有在有度的范围内，我们才能享受自由。

鲁国的东野稷驾车的技术很好，他就自荐给鲁庄公。鲁庄公就让他驾车表演一下。表演开始后，只见东野稷一会儿让马拉着车向前急跑，一会儿让马驾车往后倒退，一会儿又让马车在原地转圈。东野稷驾车向前跑时，跑得又快又直，在转圈时转的圈像圆规画的一样，因此鲁庄公就让东野稷再按原来的车印跑一百次。

这时鲁国的隐士颜阖正好路过，就对鲁庄公说："东野稷的马会摔倒的。""为什么？"鲁庄公问。"我看为东野稷驾车的马已大汗淋漓，疲乏已极，不能再跑了。""不见得吧？"鲁庄公不信。就在这时，在场内转圈的马车上有一匹马栽倒在地，抽搐几下就死掉了。此举大出鲁庄公意料，他惊讶地问："为什么会这样呢？"颜阖说："他的马的力气用完了，还要强行求全，必然会失败。"从这个故事里不难看出，无论什么事情做过了头、超过了度，就会失败的。

脖子再长，高不过脑袋。做事之中也需要有度，行事之度调节了人伦关系，形成了社会的正常秩序，也保护了我们自己。对于每个人来说，立身行事都要想到这个度，都要做到适度。

从前宋国有一个人，担心禾苗长不高，便去一根一根往高里拔，回家还喜滋滋地对家人说："今天我累坏了，我帮助禾苗长高了。"可是等第二天再到田里一看，禾苗都已经蔫死了。天下种田人没有不希望禾苗尽快生长的，也没有不帮助禾苗生长的，这个宋国人希望禾苗长得快些自然是不错的，但他在做法上不仅没有任何助益，却落了个适得其反。

所以，聪明的人总是行止有度。行，行于其所当行；止，止于其所当止。对自己不放纵、不任意，对别人不挑剔、不苛求，对外物不耽恋、不沉溺。得享受便享受，得付出便付出，依理而行，依序而动。如果必须，坐得天下；若非合理，毫末不取。

【生活悟语】

行事有度，做人有度，生活有度，工作有度，凡事有度，才能够规范自身，从而让我们在适度中获得最大限度的自由和愉悦。

第 7 章　人生感悟：融汇自身感悟，走出自主人生

老人言

得中有失，失中有得

【老人言解析】

人生路上很多时候得到就是失去，失去也就是得到。所以，我们在得失之间无须徘徊，更不必苦苦挣扎，应该用平常心来看待生活中的得失，不骄傲不急躁。

【人生应用：事情都是有内在联系的，失去与得到在某种意义上是可以相互转化的。】

天下万事万物都是双刃剑与两面刀，正面固然锋利，反面同时能够伤人。看惯了人世间上演的一幕幕福祸纠缠、庆吊相随的悲喜剧，一个成熟的人觑探了其中道理，便得亦不喜，失亦不忧。生活就是这样，似得却失，似失还得，失中有得，得后有失。任何一件事情，都有正反两个方面，且随时相互转化。得到意味着占有，从表面上看，占有多的人似乎很幸福，其实仔细想想，得到的越多，所受的束缚也越多。役物者常常为物所役，使人者难免被人所使。反之，失去意味着重新获得某种自由自在。因而，失去虽然是一种痛苦，但痛苦中也包含了几分轻松。

在人生之路上谁也离不开得与失的纠缠，谁也脱不开得与失的侵袭，谁也绕不开对得与失的选择。你得到了应该得到的东西，必然是你失去了必须失去的东西。乐于得必乐于失，有失才能有得。得与失的关系是相辅相成的。失，不管是失落、失意也好，也不管是失利、失败也罢,都会给人打击,都会给人带来痛苦,乃至产生莫大的悲哀。但是,只要你不失志,只要你面临不幸有静气,化不利为有利,那么,失,就会成为唤醒你的警钟,鞭策你的长缨,激励你踏着不幸的阶梯向着人生的巅峰攀登。

古往今来,许多杰出人物,都是在常人难以忍受的痛苦中取得了惊天地泣鬼神的丰功伟绩。屈原矢志爱国,却遭放逐,在恶劣环境中,创作了传诵千古的《离骚》《天问》。贝多芬如若不是生活得那么悲惨的话,也许永远写不出那首不朽的《英雄交响曲》。

公元前206年,刘邦率领一支人马最先攻进了咸阳,秦王子婴低着头,脖子上挂着表示请罪的带子,手里捧着秦始皇的玉玺、兵符和节杖,率领秦朝的大臣在咸阳门外向刘邦投降了。

刘邦率领着胜利之师开进了秦王朝的首都咸阳。都城中辉煌壮观的建筑群,钱帛珠宝充盈的仓库,使大多出身于社会下层的将士们头晕目眩,大家纷纷钻进皇宫和政府的仓库中,挑选珍宝,抢夺金银,闹得咸阳城中一片混乱,百姓怨气冲天。

刘邦在卫士们的簇拥下,进了大秦宫殿。他先来到前殿,看见那金碧辉煌的巨大殿堂,奢华无比的铺陈和精巧的摆设,惊得目瞪口呆。他又到了后宫,看见数以千计的美丽宫女,喜得合不拢嘴,挪不动步。刘邦正眯着眼在那儿遐想的时候,他的部将樊哙闯了进来。樊哙是刘邦的同乡和连襟,追随刘邦多年,一见刘邦那魂不守舍的样子,便明白他动了心,于是问他:"你是要打天下还是只想当个富家翁?"

"我当然想打天下。"刘邦说。樊哙说:"臣下跟着沛公进了秦皇宫,您留意的不是珠玉珍宝,就是美女,而这正是秦朝皇帝失去天下的原因。沛公留此,就是重蹈亡秦的覆辙!恳请沛公立即出宫,到郊外驻扎。"樊哙虽是刘邦的患难兄弟和亲戚,刘邦却认为他只不过是一员有勇无谋的战将,所以根本听不进去他的劝说。

樊哙不善言辞,见刘邦不听他的话,急得团团转,又搓手又跺脚。他抬眼看到了张良。张良问明了事情的缘由后,对刘邦说:"沛公,您

老人言

想过没有,您是怎样才得以进入这座宫殿的?"刘邦说:"我是兴义兵、举义旗,一路攻杀换来的。"

张良又问:"难道不是秦王朝君臣奢侈无度触怒了天下的老百姓,才使您有举义旗、兴义兵的机会吗?"刘邦说:"那当然。"张良说:"秦朝皇帝因为奢侈无度失去了民心,沛公想取秦而代之,就要反其道而行,以节俭有度来争取民心。现在,我们的人马刚刚进入咸阳,沛公就带头留恋奢侈,贪图安逸,老百姓会怎样看?他们会认为我们与秦朝君臣是一丘之貉,就会转而憎恨我们,反对我们。失去民心,您就失了天下啊!"

张良又说:"上行下效,沛公要享用秦宫殿中的财物、美人,将士们就会抢劫仓库与民宅,他们腰囊填满之日,也就是我们这支军队瓦解之时。如今,素来嫉恨您的项羽,正率领四十万大军日夜兼程,破关斩将,逼近咸阳。一旦双方干戈相见,我方军心涣散,如何抵挡得住项羽的四十万强兵悍将?那时,沛公纵然愿意放弃天下,想去做个富家翁,也欲求无门了。"

刘邦听了,惊出一身冷汗,问:"照你说,我该怎么办?"张良说:"忠言逆耳利于行,良药苦口利于病。樊将军的话说得很对,希望您听从他的劝告,立即离开宫殿,赶紧好好考虑一下,采取什么样的措施来安抚关中百姓,争取天下民心。"

如果刘邦不听从樊哙和张良的劝告,醉心于秦宫殿的辉煌及宫殿里的金银珠宝、美女佳丽,他哪里会有后来的大汉天下?且不说他的对手项羽不会容他拣这么大的便宜,就是当时的形势也不会容他高枕无忧地去享清福。值得称道的是,刘邦这个人非常听劝,樊哙、张良二人陈诉利害后,他就马上放弃了眼前的小利益,下令撤出宫殿,封闭仓库,又回到郊外的霸上驻扎。有的时候宏大的志向会拜倒在小小的享乐上,这里的玄机一言难尽。

"舍"与"得"是个辩证的关系,没有"舍"便没有"得"。只有懂得舍弃,然后才能获得。世间之人常有争斗,有时我们会看到一些非常激烈的争论场面，旁观者往往替当事人捏一把汗，担心他们恼羞成怒大打出手，但这却是杞人忧天，因为多数争论反倒能促使双方撞击出友爱的火花，彼此互相融通和理解，相持之下却以和而告终。

人世间的安乐与痛苦就像冬天与夏天的交替一样不断地循环流转。前一刹那觉得安乐、心情舒畅，后一刹那倍感惆怅，于是痛苦万状，当觉得这个痛苦斩不断挥不去而绝望，悟出道理后又豁然开朗，生机四起，再一次获得安乐。但毕竟是苦多乐少，大多数的安乐皆是建立在痛苦之上，终将感受更大的痛苦。

得与失是可以相互变化的。眼前的"得"，可能在背后含着"失"的因素，甚至埋藏着可怕的危机；眼前的"失"，也可能蕴藏着"得"的种子，甚至会成为渡过厄运的转机。因此，我们要以平常心来对待得与失，应该属于你的利益，别人是抢不去的；不该属于你的利益，即使你争夺来了，也不会长久。

只要我们真正懂得了这一道理，当"失"降临到自己头上时，不仅能做到在悔中求悟，还能做到失中求得。面临着"失"，谁都是痛苦的，但谁能把"失"转化为"得"，谁就是幸福的。可见，失中求得，是一个人从痛苦走向幸福的一块跳板，是一个人从低谷走向高峰的秘诀。

世事凶吉，人情欢戚，常有意想不到的反复。失之东隅，或许收之桑榆；得之无益，反而弃之有利。人常有进退维谷、得失两难的时候，此时便可用到安身立命的屈伸之道。

【生活悟语】

人生中，得与失，常常发生在一闪念间。得到什么，失去什么，仁者见仁，智者见智。人应该随时调整自己的生命点，该得的，不要错过；该失的，洒脱地放弃。都得，一定是他人为你放弃；都失，也太对不起自己。

老人言

走马有个前蹄失，急水也有回头浪

【老人言解析】

善于奔跑的马也有失前蹄的时候，流速很快的水也会有逆着流水方向的浪花。其实任何人或事物都不可能尽善尽美，任何事情都有发生的可能性。

【人生应用：生活不可能太过完美，坎坷和挫折也是生活的调味剂。】

我们的生活是复杂的，也是多变的，有时风平浪静，有时惊涛拍岸；有时烈日晴空，有时阴雨雷电；有时鲜花盛开，有时荆棘满路。面对多样的生活，我们不能想象得太过完美，只要我们活着，就应该去创造和开拓。

如果我们的生活总是四平八稳、千篇一律，这样生活就会变得枯燥无趣。如果今天总是重复着昨天的故事，每天完全一致地生活着，那么我们生活的希望也会逐渐失去。只有不断打破陈规，不断出现新的格局，生命才有意义。

康德说："人的心中有一种追求无限和永恒的倾向。这种倾向在理性中的最直观表现就是冒险。"不经过无数次的冒险，人类社会不可能从茹毛饮血，进化到如今的高科技时代。没有冒险精神，人类就没有创造，就没有社会改革。只有带着风险意识，敢于怀疑，并打破过去的秩序，通过冒险而取胜后，才能享受到成功的喜悦。

2002年年底，人类"极限纪录"上添加了一笔——美国女泳将琳·考克斯成为第一位"游上南极洲"的人。

　　全世界绝大部分人，没有去过南极洲。少数有幸到南极洲旅游的旅客或研究者，大概不外乎经由两种方式——搭乘具有破冰功能的特殊船只，或冒更大的危险搭小飞机降落在机场上。

　　琳·考克斯和一群游客一起搭乘破冰船，经小猎犬海峡接近南极洲大陆。那是南半球最炎热的季节，融冰后露出南极大陆的边缘。船沿南极大陆航行，越过涅柯港后，考克斯从船舷上步下阶梯，深呼吸，一跃入水，花了25分钟时间，一共游了1.22海里，到达南极洲大陆。

　　看起来这纪录好像不怎么样，前后不到半小时，游的距离算算还不到3000米，但是别被这种表面的数字给骗了。考克斯下水时，海水温度接近冰点。而且她游过的海域，还到处有浮冰。小一点的浮冰，随时可能划破她的皮肤；大一点的浮冰，随时可能把她撞昏过去；更大的浮冰，随时可能裂解崩落，把她困在冰堆里，再也别想出来。还有，海上刮着风。考克斯正常的泳速大约每小时两海里，然而变化无穷的海流随时可能制造出超过两海里的逆浪。换句话说，如果情势不对，考克斯怎么努力游都无法前进，甚至会被海流推着离岸越来越远。但是正是因为考克斯的冒险精神，使得她最终成功了。

　　在我们生活中，随时随地都有冒险。如果你想骑马赶路，就得抛弃可能发生意外的想法，谁也无法避免从马背上摔下来跌断腿的危险。但为了赶路，你只有冒险，除非用两脚徒步而行，否则别无他法，甚至走路也有跌伤的时候。

　　急水也有回头浪，对命运的安全与危险应有冷静的思考。歌德年轻时希望成为一个世界闻名的画家，为此他一直沉溺于变幻无穷的世界中而难以自拔。四十岁那年，歌德游历意大利，看到了真正的造型艺术杰作后，他终于恍然大悟过来：放弃绘画，转攻文学。虽然他知道自己这样做是一种冒险，但他认为自己已经无退路。经过不断的学习和摸索，歌德最终成为一名伟大的诗人。纵观古今中外名人的成才

老人言

史，大多数人都有过冒险的经历，马克思曾是诗人，鲁迅曾去日本学医，安徒生曾是演员，但他们比常人高明的地方在于：他们不怕冒险，能及时地调整自己的方向。

从冒险到成功需要一个过程，甚至是一个痛苦的、付出了艰辛代价的探索过程。歌德曾感慨道："要发现自己多不容易，我差不多花了半生光阴。"他又说："这需要很大的神志清醒，它只有通过欢喜和苦痛，才学会什么应该追求和什么应该避免。"

冒险与机遇具有深层次的关联，机遇就在危险之中。你想要美好的机遇，你想要事业的成就，那就要敢冒风险，投身危险的境地，去探索、去创造，不要瞻前顾后，不要害怕失败。

有时，冒险不一定就能成功。但是失败是成功之母，如果我们惧怕失败，不冒风险，求稳怕乱，安安稳稳地过一辈子，虽然可靠、平静，虽然生活"比上不足比下有余"，但那是多么的无聊。冒险失败远胜于安逸平庸，与其平庸地过一辈子，还不如轰轰烈烈地干一场，拼一个灿烂的人生。

【生活悟语】

不要害怕失败，多经历那些挫折和困难。将失败视为一种经历——挫折和困难就是我们的生命中那些美妙的波澜。

高杨下柳，各有千秋

【老人言解析】

不管是挺拔的白杨，还是低顺的柳树，它们都有着自己的特点，都有着和其他植物不同的方面。其实人就如同各个不同种类的植物，都有自己的个性，都有自己的优势。这是教育我们在和人相处时一定要注意不同性格不同应对方式，这样才能广交朋友。

【人生应用：环境不同、经历不同造就了我们不同的个性和人格。】

不管我们在社会中是什么角色，我们都需要去承担这个角色所应该承担的责任。

我们在和他人交流的时候必须体谅每个人的不同性格，因为我们不可能让所有人都满意，别人也不可能总会令我们满意。只有不去在乎这些评判，维持自己的个性，有自己的生活准则和价值标准、自己的人生观，我们才能够轻松快乐地生活在社会中。

每个人都有各自的特点，都有适合自己的工作，也有不适合自己的工作，看人家做得好，但自己未必能行，还不如专心致志干好自己的本行！

人如果没有个性，就没有吸引人的亮点；而人的个性如果受到压抑，得不到发展，那么灵性就会萎缩。这样，即使我们能够变得柔弱温顺，但却降低了创造的能力，丧失了竞争的能力，最终也丢失了

老人言

自己。

从前有个父亲带着儿子要去市场卖驴,驴走在前头,父子俩随行在后,路人看了都觉得很可笑。"真傻啊!骑着驴去多好,却在这沙尘滚滚的路上漫步。"

"对啊!说得对啊!"父亲突然觉得很有道理。于是说:"孩子,骑上驴吧!我会跟在旁边,不会让你掉下来的!"父亲让孩子骑在驴子上,自己则跟在旁边走着。

这时,对面走来两个人。"喂!喂!让孩子骑驴,自己却徒步,算什么!现在就这么宠孩子将来还得了!为了孩子的健康,应该叫他走路才对,让他走路。"

"噢!对呀!是有道理。"于是父亲让孩子下来,自己则骑上驴背。孩子跟在驴子后面走着。过了一会儿,他们又碰见一个女孩。女孩说:"大人骑驴,让孩子走路,太没有爱心了。"

"是啊!你说得有理!"父亲点头赞同。于是,父亲叫孩子也骑到驴背上,朝着市场的方向前进。

没过多久,一位牧师叫住了他们:"两个人骑一头这么弱小的驴,真是太残忍了。"

父子俩立刻从驴背上跳下来,想了半天也不知道如何做,后来决定将驴子背起来赶到市场。"真是奇怪的人啊!"见到父子二人背着驴,路人都指指点点,父子二人被弄得不知所措,只能垂头丧气地走回家不去市场卖驴了。

其实每个人都应该去保持自己的个性,而不应该因为外界的环境或意见就去迎合,我们不可能迎合所有的人,但是只要我们保持自己的个性,庆幸自己是世上独一无二的,把自己的禀赋发挥出来,就能够做成真实的自己。

就如道格拉斯·玛拉赫在一首诗中表达的那样:如果你不能成为山顶上的高松,那就当棵山谷里的小树吧——但要当棵溪边最好的小树。

如果你不能成为一棵大树，那就当丛小灌木；如果你不能成为一丛小灌木，那就当一片小草地。

如果你不能是一只麝香鹿，那就当尾小鲈鱼——但要当湖里活泼的小鲈鱼。

我们不能全是船长，必须有人也当水手。

这里有许多事让我们去做，有大事，有小事，但最重要的是我们身旁的事。

如果你不能成为大道，那就当一条小路；如果你不能成为太阳，那就当一颗星星。

可能我们有时会感觉自己还有很多缺陷，想要改变自己的个性，最重要的就要有坚定的意志，凭借一定的规则和计划来自我完善。人并不是生活在过去而是生活在现在，生活在未来。过去已经过去了，所以现在是把握个性的最好良机，而未来则存在着一切可能性。为了追求未来较佳的生存方式，你完全可以埋葬旧我，重塑自我，以求去适应一种新的环境，开始一种新的生活，展示一种新的人生。也只有在这样的前提下，我们才不会迷失自己，才能充分发挥聪明才智，展现出最完美的自我。

【生活悟语】

别因他人的不同意见而轻易改变自己，我们需要先认清自己到底适合什么，才能够去做决定。时刻警告自己——不要被别人的意见所左右，要发现自我，秉持本色，回归本性。

老人言

发回水，积层泥；经一事，长一智

【老人言解析】

发一次洪水，洪水冲过的地方就会留下一层淤泥；经过一件失败的事情，就能够获得一定的经验和教训，就会增长我们的智力。如果我们一生中不经历一些事情，就不能够增长对很多事情的见识；要想对一件事情有深刻的印象，我们就需要去实践和体验。

【人生应用：有过失败，我们才懂得如何成功。】

人只有经历过失败，才能够从中获得收获，很多成功的人士都是曾经经历过无数的失败才积累了足够的经验和智慧，最终获得成功。

卡耐基的事业刚刚起步时，在密苏里州举办了一个成人教育班，并且在各个大城市设立了分部。卡耐基花了很多钱在广告宣传上，并且房租和日常办公等开销都大，尽管收入也不少，但是由于他欠缺财务管理上的知识和经验，在一段时间后，他发现自己竟然连一分钱都没有挣到，一连数月的辛苦竟然没有任何经济上的回报。

卡耐基很苦恼，不断抱怨自己的疏忽大意，这种闷闷不乐、精神恍惚的状态持续了好长一段时间，使他根本无法把事业继续维持下去。最后卡耐基感觉自己无法从这个状态中跳出来，只得找到了自己中学时的老师诉苦，睿智的老师对沮丧的卡耐基只说了一句话："不要为打翻的牛奶哭泣。"聪明人一点就透，卡耐基听了这句话瞬间明白了，就如同在黑暗中看到了黎明的曙光，卡耐基很快就振作了起来。

后来卡耐基在给学生讲课时就常常说到这句话:"牛奶被打翻了,是看着被打翻的牛奶哭泣,还是去做点其他的?记住,被打翻的牛奶已成为事实,不可能重新装入瓶子中,那么我们唯一能够做的,就是忘掉打翻牛奶的不愉快,吸取经验教训,然后继续前进。"

其实生活中的很多小事或错误,都蕴含着深刻的智慧,能够给我们深刻的启示和指引,我们需要从这一个个小的错误中寻找改正的方法,最终不再去犯同样的错误,从而逐渐完善自己,最终获得成功。

人生是允许我们犯错的,但是一定要有个限度,尤其是同一个错误我们不能再犯第二次,只有这样才能有进步的可能。因为我们在行动中不能完全避免犯错,所以失败就成了我们积累经验教训和提升自己的最佳源泉,当我们再遇到同样的问题时,我们会发现以前失败的经验可以用来帮助我们解决问题,从而使我们以更快的速度迈向成功。

【生活悟语】

多动动自己的脑筋,在失败的事上汲取力量,跌倒后拍拍身上的尘土,反思一下自己失败的原因,然后继续大步前行,只有这样我们才能够不断完善自己,使得自己越来越完美,最终获得成功。

第 8 章

生活智慧：
走入生活，人生智慧无处不在

晴天不肯走，直待雨淋头

【老人言解析】

晴天的时候不肯赶路，直到雨天的时候行动，就只能挨雨淋。我们身边机会无处不在，所以不要总是坐等机会的到来，应该主动去抓住机会。

【人生应用：愚者坐等机遇降临，智者主动抓住机会。】

很多人在生活中其实已经拥有了很多资本，但是却总是自怨自艾，抱怨没有机会去展现自己，直到这些资本再也没有价值，才想到自己还有很多优势，但是这时已经晚了。

小镇上有个年轻人叫张小天。其自小就胸怀大志，渴望有朝一日能出人头地，成就一番大事业。一开始，张小天对未来充满了憧憬，他不断地学习各种知识，提升自己的能力，满心期待着那个能让他一飞冲天的机会降临。他每日都会去小镇的广场上徘徊，看着人来人往，心里想着也许下一刻，机会就会如同璀璨的星辰般砸落在他面前。日子一天天过去，张小天身边的一些人开始尝试着去做小生意、去学手艺，然后逐渐改善了自己的生活。可张小天却不为所动，他坚信自己等待的那个绝佳机会一定会比这些普通的尝试更加辉煌。

有一次，镇上来了一个外地的商人，正在招募助手一起去开拓新的市场。这个消息很快在小镇上传开了，不少有勇气的年轻人都纷纷去报名。张小天也听到了这个消息，但他犹豫了。他觉得这个商人看起来并不十分可靠，万一失败了怎么办？于是，他决定再等等看，也许后面会有更好的机会。

然而，那些勇敢地跟着商人走的年轻人，在经历了一番艰苦的奋斗后，逐渐积累了财富和经验。他们有的回到小镇，盖起了漂亮的房子，过上了富足的生活。张小天开始有些着急了，但他还是不愿意主动去寻找机会，依然固执地守在小镇，等待着那个他想象中的完美机会。又过了一段时间，小镇上要举办一场盛大的技能比赛，获胜者将有机会获得一笔丰厚的奖金和进入大城市发展的机会。张小天心动了，他觉得这可能就是他一直等待的机会。可是，由于他长时间没有真正去实践和锻炼自己，在比赛中他表现得并不出色，最终与机会失之交臂。

机会是需要我们去把握的，在我们不断准备、不断等待的时候，身边可能已经流逝了许多机会。

《为学一首示子侄》中曾讲过，四川的边远地区有两个和尚，一个穷，一个富。富和尚一直看不起穷和尚，有一天，穷和尚对富和尚说："我想到南海去朝拜，你说行不行？"富和尚嘲讽地看了看他问道："到那里来回有几千里，你依靠什么去呢？"

穷和尚说："我只要有一个喝水的瓶子、一个吃饭的钵就行了。"富和尚听了哈哈大笑，说："几年以前，我就下决心要租条船到南海去。但是，凭我的条件，到现在还没能办到。你靠一个破瓶子、一个钵就要到南海去？真是白日做梦！"

穷和尚没有理会富和尚的嘲笑，而是准备好自己的瓶子和钵，就这样出发了。一年以后，当富和尚还在为租赁船只筹钱而发愁的时候，穷和尚却已经从南海回来了。穷和尚回来后去见富和尚，向他阐述在南海的所见所闻。富和尚看着已经满载归来的穷和尚，羞愧地低下了头。

富和尚的条件比穷和尚好得多，但是当穷和尚已经实现自己愿望的时候，富和尚还在空谈。机会是要靠主观努力去创造、去把握的。

若只是坐等机遇降临，想凭空就获得成功，那么到头来只能是一无所成。

【生活悟语】

很多时候机会就在我们的身边，就如同我们要赶路的时候，天气是晴朗的，晴朗的天气就是我们的机会。但是很多人却在怨天怨地，抱怨为什么没有赶路的机会，一直等到被雨淋才知道悔恨。不要空想机会降临，主动出击才能够有更多收获。

老人言

采动荷花牵动藕

【老人言解析】

在荷塘里采荷花的时候就会连带着将藕也拽出来。很多事物是相互关联的，小时候我们听过的一些道理甚至会影响我们一生一世。

【人生应用：很多事情会引起连锁反应，牵一发而动全身。】

如果每一个人都能了解应当如何做人，不但个人的修养会得到提升，家庭也能幸福美满。如果每一个人都能够在小时候懂得礼义孝廉，不但成长过程会轻松愉悦，而且长大后也能够继续保持这些优点。

在一次世界各国诺贝尔奖得主的聚会上，有人问一位获奖者："您在哪所大学、哪个实验室学到了您认为是最重要的东西呢？"这位白发苍苍的老学者回答道："是在幼儿园。""在幼儿园能学到什么东西呢？""把自己的东西分一半给小伙伴们，不是自己的东西不要，东西要放整齐，吃饭前洗手，做错事要表示道歉，午饭后休息，要观察周围的大自然，小朋友要团结，要听老师和爸爸妈妈的话，要诚实，要说话算话……"他所提到的，我们可能认为很可笑，但是这却是真理，在我们小的时候，性格和人生观念正在形成的过程中，就是需要这些很简单的礼仪，这样长大之后才会影响到我们的人生和生活。

在繁华的都市中，有一家新兴的科技公司。年轻的李阳是这家公司的一名普通员工，他充满激情与抱负，渴望在这个充满机遇的地方闯出一片天地。

李阳工作努力，头脑灵活，很快就凭借自己的能力在公司崭露头角。一次，公司承接了一个重要的项目，领导决定成立一个特别小组来负责这个项目，李阳幸运地被选中加入了这个小组。

在项目推进的过程中，李阳发现小组中的另一名成员老张做事有些拖沓，而且在一些关键问题上总是坚持自己的老方法，不愿意尝试新的思路。李阳对此很不满意，他觉得老张的做法会拖慢整个项目的进度。于是，在一次小组会议上，李阳毫不客气地指出了老张的问题，言辞激烈，让老张在众人面前下不来台。

老张被李阳这么一指责，心里自然不好受。他觉得李阳年轻气盛，不懂得尊重前辈。从那以后，老张和李阳之间就产生了隔阂，两人在工作中时常发生争执，项目的进展也因此受到了影响。

李阳的直属领导王经理察觉到了这个问题，他把李阳叫到了办公室。王经理语重心长地对李阳说："李阳啊，你知道'采动荷花牵动藕'这句话吗？你在指责老张的时候，有没有想过你的行为会带来什么样的后果呢？老张在公司工作多年，经验丰富，虽然他的方法可能有些陈旧，但也有他的道理。你这样毫不留情地批评他，不仅伤害了他的感情，也影响了整个团队的氛围。就像采荷花的时候会牵动藕一样，我们在做任何事情的时候都要考虑到它可能带来的连锁反应。"

李阳听了王经理的话，陷入了沉思。他开始反思自己的行为，意识到自己确实过于冲动了。他决定找老张道歉，修复两人之间的关系。

李阳找到老张，真诚地向他道歉："张哥，我之前说话太冲了，没有考虑到你的感受。我知道我错了，希望你能原谅我。"老张看着李阳诚恳的样子，心中的怨气也消了大半。他笑着说："年轻人嘛，难免冲动。其实我也有不对的地方，我们以后互相学习，共同把项目做好。"

从那以后，李阳和老张放下了成见，开始互相配合。老张把自己的经验传授给李阳，李阳也把自己的新想法分享给老张。在两人的共同努力下，项目进展得非常顺利，最终取得了圆满成功。

通过这件事情，李阳深刻地理解了"采动荷花牵动藕"这句话的

老人言

寓意。在为人处世中,我们不能只考虑自己的利益和感受,而要顾及他人的想法和情绪。我们的每一个行为都可能会产生连锁反应,所以在做决定之前,一定要深思熟虑,避免因为一时的冲动而给自己和他人带来不必要的麻烦。

只有当我们学会尊重他人、考虑周全,才能在这个复杂的社会中立足,才能与他人和谐相处,共同创造一个美好的未来。

【生活悟语】

人生在世,万千关系丝丝缕缕,扯不断理还乱。若想要在人生路上行走得轻松安宁,就不要轻易去扯这些丝丝缕缕的关系,尤其是当决定有可能影响他人利益时,更应该慎重。

病有千种，药有万变

【老人言解析】

病的种类繁多，治疗疾病的药也有更多种变化。我们要学会变通，随机应变，才能够更轻松地应对很多问题。

【人生应用：穷则变，变则通，通则久。】

任何人在遇到突发事件的时候，或者遇到意外打击的时候，难免会产生惊慌的情绪，但问题是我们该如何应对。其实应对的方法是多种多样的，我们需要做的就是从容不迫，随机应变。

著名军事家孙子提倡用兵必须学习水的精神，他特别强调在任何时候、任何场合都要能应付突发情况，并能随机应变。孙子说："水因地而制流，兵因敌而制胜。故兵无常势，水无常形；能因敌变化而取胜者，谓之神。"水没有固定的形状，战争亦无法保持不变的态势。能顺应形势的变化，采取灵活的战术获胜的人，才是最佳的统帅。

用兵如此，处世亦如此。处世要随着情况、形势的变化把握时机，灵活应变，才能像水那样聚合自如。世事变幻莫测，预先制定好的计谋未必能付诸实现，所以要随机改变策略。

楚汉相争时，一次刘邦和项羽在两军阵前对话，刘邦历数项羽的罪过，激怒了项羽。于是项羽命令潜伏的几千名弓弩手一齐向刘邦射箭，一支箭正好射中刘邦胸口，当时他就伤势沉重，痛得伏下了身子。主将受伤，群龙无首，倘若楚军乘机进攻，汉军必败无疑。想到这里，

老人言

刘邦很快假装无事，巧施妙计，在马上用手扣住自己的脚，喊道："碰巧被他们射中了脚趾，没有重伤。"军士听后，军心顿时稳定下来，终于抵挡住了楚军的进攻。

其实很多时候，随机应变的方法就是先控制住自身的情绪，而控制情绪的根本办法，就是要养成稳如泰山、临危不乱的行为风范，杜绝一遇风吹草动，马上举止失度的毛病。病有千种，药有万变。遇变不惊、从容不迫的能力的培养，绝非一朝一夕就能奏效，必须从小事做起，长期坚持不懈。

美国吉列公司的剃刀片，在20世纪20年代初就占据了海内外大部分市场。但后来，威尔金逊公司的不锈钢刀片以其美观耐用，迅速占领了英国市场，并扑向了美国市场。吉列刀片的市场占有率很快就降低了35%，这一比例使得吉列公司陷入了内忧外患的境地。

此时，吉列公司总经理靳克勒积极采取随机应变的策略，宣布开始"反席卷战"！首先，进行市场追踪活动，推出新的"超级不锈钢刀片"，形成新的市场特色和优势。其次，推出自动安全剃须刀，树立起吉列的新名牌，这种刀片刚一上市就深受市场的欢迎。最后，靳克勒采取了转移策略，推出喷射式罐装刮须霜，开发出了和刀片相辅相成的男性化妆品系列产品，这一系列措施很快就使公司营业额重新高涨起来。

随机应变的战略使吉列公司转败为胜。如果当时吉列公司畏首畏尾，稳打稳走，不思变通，可能最终会被淘汰。这就是变通的技巧和效用，使得一个面临困境的企业重新焕发活力，并最终抢回了市场。

汉灵帝死后，董卓专断朝政，引起了满朝文武的愤恨。当时任骁骑校尉的曹操从司徒王允那里借来一把宝刀，前去刺杀董卓。当曹操身佩宝刀来到董卓府上时，见董卓坐在床上，吕布在旁做侍卫。不一会儿，吕布出去牵马，董卓卧于床上。曹操感觉时机已到，急掣宝刀在手，正要行刺，不想董卓从衣镜中看到曹操在后面拔刀，他急忙问道："你要干什么？"这时吕布已经牵马至屋外，曹操见大势不妙，急中生智，持刀跪下说："我这里有一口宝刀，想献给您。"献刀之后，曹操就出门逃之夭夭。

其实很多时候，成功就必然要冒风险，而在这个过程中，遭遇突如其来的危机或者意外，我们都需要有随机应变的能力，都需要在瞬间做出抉择，改变原来的意图和行动方向，这样才有可能化险为夷，转危为安。

在一场社交晚宴上，小李作为公司的代表出席。他本想借此机会结识一些重要人物，拓展业务资源。宴会开始后，小李端着酒杯走向一位业界名人，正准备开口介绍自己，却发现对方脸色阴沉，似乎刚刚经历了不愉快的事情。原本准备好的开场白瞬间卡在了喉咙里，小李迅速反应过来，微笑着说道："看您今天如此特别的神情，想必是在思考能影响行业的重大决策吧？"这位名人微微一愣，神色稍缓，回道："哪里哪里，只是一些琐事烦心。"小李接着说："能让您这样的精英烦恼，那肯定不是一般的事，方便和我聊聊吗？说不定能多个思路。"就这样，小李巧妙地避开了可能的尴尬，成功地与对方展开了交流，并给对方留下了良好的印象。这次随机应变，为小李的事业发展带来了新的机遇。

随机应变，其奥妙就在于顺从自然，因时、因势、因情而灵活变通。随机应变是一种突发性的思维方式，事先毫无准备，事发时自动做出的快速反应。这种"变"虽然是偶然的，但同样必须借助于日常养成的习惯。随机应变是一种素养，许多事情不是以个人的意志为转移的。所以，我们必须随时随地以变化的心态看待社会和人事，做好处变不惊、随机应变的心理准备，这样才能游刃有余，以不变应万变，使自己永远掌握主动权，从而立于不败之地。

【生活悟语】

随机应变的能力需要我们去培养，这是一种机智的思考，需要的是足够的冷静和经验的积累。不要害怕自己无法做到，时刻记得——方法总比问题多，药方总比病痛多。

老人言

宁做泥里藕，不做水上萍

【老人言解析】

宁愿做泥里的藕，出淤泥而不染；也不要去做水上的浮萍，轻浮无根。做人就要洁身自好，要爱惜自己，别太过轻浮。

【人生应用：洁身自好，不屈强暴。】

有时候我们在社会中会遇到逆境，有些人在逆境中就会顺应大流，迷失自己，而有些人则会懂得自爱，用反抗来抵抗逆境，最终不但锻炼了自己，而且最终战胜逆境。某些人的浅薄大多是从不懂自爱开始。因此任何时候都要记住，要爱护自己，不要出卖自己。

唐代柳宗元有一篇文章说：扶风之地有个青年人姓马，他说自己十五六岁时曾与许多孩子在泽州郊外的凉亭玩耍，有一天忽然从天降下一个奇妙的姑娘，周身光芒四射，她披着内有白色花纹的青色皮衣，头上戴着一顶一步一晃的"凤冠"。那些轻薄的富家子弟见了她开始是骇然，然后是喜悦，渐渐地竟然聚拢调戏起她来。

这个奇妙的姑娘板起脸孔，大声训斥道："你们不得胡来！我原来住在玉皇大帝的天宫，往返于星辰之间，呼吸的是阴阳精气。我鄙薄蓬莱，轻视昆仑，都不屑于到那里去。玉帝以我太狂妄之故，大发脾气把我贬下尘世，七天后我自当回返天宫。今天，我虽然含辱跌落于尘世，但绝不能被你们侮辱，你们再这样，回到天宫后，我必降罪于你们！"众人听她这么一番义正词严的话，都给震慑住了，面面相觑，一个接一个地溜掉了。

这个姑娘起身走进了一座佛寺，住在了讲经堂。七天后，她取了一杯水一饮而尽，呼出的气都变成了五色缤纷的云彩。然后她把皮衣翻过来穿好，刹那间变成一条白色的龙，飞腾直升天空，不见了踪影。人们不清楚她到底去了什么地方，都觉得十分奇怪。

柳宗元在文章最后感叹说，假如这位神女被贬落尘世后，心灰意懒，对前途毫无信心，必与世间污垢同流，抛弃人格，苟且偷生。于是，只有在凡间了此一生，岂不可惜！

这则故事是一个寓言，但以此为镜，可以折射出人生的实况。就像人在灾祸中必须镇定自若一样，人在不如意的困境里也要保持住人格、气节与自信，绝不能丧失信心，放弃努力，随波逐流。若在恶劣环境中沉沦，无异于降低了自我的存在境界，更不要说提升人生的质量了。人生在世，难免会有人生低潮，有不如人意的阶段，甚至身陷环境恶劣的氛围，有时举目四望就会发现周围尽是些卑鄙之人、粗俗之人。此刻，若稍不留意，心神稍稳不住，便会沉沦下去，与周围的恶劣环境、卑鄙之人同流合污，那就等于害了自己一生。

人在困难的处境中，与卑污小人相处时，一定要心性稳定，精神上要保持住圣洁，时时警诫自己要"宁做泥里藕，不做水上萍"，并在此基础上聚积能量，努力摆脱困境，最终达到较好的生存状态。

其实很多成功者的经历就告诉了我们：人生的结局是好是坏，在于能不能在困境中再坚持一下，能否保持心灵中的崇高与神圣。虽然有时人们身不由己地在行为上与污浊的现实同流，周旋于那些卑鄙小人之间，可绝不能让这些东西侵蚀心灵，扭曲人格，玷污纯洁的精神境界。只要心灵中还有一块"净土"，精神上还有对崇高的追求，一个人总还是有希望的。然后则应该进行不懈的努力，克服艰难险阻，改变恶劣的环境，远离卑鄙小人，最终总会迎来阳光灿烂的人生。

老人言

【生活悟语】

困境并不可怕,怕的是我们随波逐流,放弃自我;失败和逆境也不可怕,怕的是我们和失败者同流合污,最终被腐蚀。要想成功就必须做到清者自清,保持自身的清洁,不畏强权。

枣到季节自然红

【老人言解析】

枣子长到季节自然就会变红。做事不要急躁，按流程来做事，按部就班才能够使得事情完成得完美。

【人生应用：瓜熟才能蒂落，事情到一定程度才会马到成功。】

世界上的很多事情都是有规律可言的，就如同果实一般，该成熟时自然就会瓜熟蒂落，而没有成熟时，即使过早摘下，果实也不会香甜可口。我们做事情也是如此，很多事情都需要前期准备，当准备到一定程度后，才能够马到成功。

春秋时期，在晋国和郑国交界的地方，有一个性情暴躁的人。他射箭不中，就捣碎箭靶；下围棋不胜，就敲碎棋子。人们劝他说："这不是靶子和棋子的罪过，为何不反思自己的过错呢？"他根本听不进去。最后，这个人终因脾气暴躁而病死了。

郁离子说："这也可以把它作为借鉴了，老百姓就像箭靶的中心一样啊，射击它的是我，掌握了射箭原理就会射中；士兵就像棋子一样，指挥他们行动的是我，能掌握规律就能取胜了。求之无方，用之无法，到了不如别人时忍不住愤怒，愤怒的又不是地方，怎么能不死掉呢？"

要想在人生路上生活顺利，就一定要戒除急躁的性格。三国时的王思性子急，有一次正拿笔写字，一只苍蝇飞来停在笔端，赶走它又

老人言

来。王思大怒，站起来赶苍蝇，赶不走，于是把笔扔在地上踩坏，拔出宝剑来赶苍蝇。东晋的王述性子也急，有一次吃鸡蛋用筷子夹，夹不住，大怒，用手把蛋拿起来摔在地上，蛋却在地上转个不停，于是他用脚去踩蛋，脚也踩不住。他气坏了，捡起来放在口里，嚼烂了吐在地上。唐朝的皇甫湜，同样是急性子，一天他让儿子抄诗，错了一个字，他边骂边叫拿棍子，棍子没拿来，就咬自己的手臂，咬得鲜血直流。想这三人平时都如此急躁不安，怎能宽容他人呢！

急躁是人性的弱点，它只会让事情欲速则不达，所以我们需要修养性情，戒除急躁，平和地面对任何情况，按部就班地去解决问题，这样才能够培养出度量，从而最终取得人生的成就。

战国时魏人西门豹，性急，常常佩带皮鞭来警诫自己。东汉的刘宽，性情平和温柔，夫人想试试他，让他发怒，就在他上朝穿好了衣服时，夫人让丫鬟端肉汤泼到刘宽的衣服上。夫人赶快把汤和衣服收拾起来，却发现刘宽依然神色不变，还慢慢地问丫鬟："烫伤你的手了吗？"其性情是如此温厚，度量是如此博大。

任何事物达到最盛的时候便开始衰落，一时的急躁，换来的可能是永久的悔恨。所以我们在人生路上，一定要戒除急躁的性格，凡事都要先平稳自身的情绪后再去做决定，只有这样才能够将事情做好，才能获得更大的成就。

【生活悟语】

别跟自己的人生过不去，心态淡定才能使自己坦然处世。急躁无法为我们带来想要的结果，只有先冷静下来，按部就班去做，才能达到目的。

一锹挖不出个井来

【老人言解析】

只用铁锹挖一下是挖不出一口井的。一切事物都有一个发展的过程，都是从小到大、从无到有得来的。要完成一个大目标，就要一步步去做，一点点去完成小目标，最终积累成为大成就。

【人生应用：细枝末节也要一丝不苟，遇到困境也不要放弃追求。】

从前有兄弟二人，长大后开始分家过日子。两家的收入差不多，可是哥哥的日子总是过得很宽裕，而弟弟却总是紧巴巴的，常为吃穿发愁。弟弟便问哥哥到底日子是怎么过的，哥哥笑了笑说："想要过好日子有办法，明天你跟我到井边去打水，打完水我再告诉你。"

第二天哥哥把弟弟带到了井边，然后说："这里有两个水桶，你就在这里打水吧，可事先说好，盛水的桶只能盛水，而打水的桶只能打水，不能换着用。等盛水的桶满了再回家。"随即将哪个桶盛水，哪个桶打水告诉了弟弟。弟弟一看愣住了，原来盛水的桶是没有底的，而打水的桶是有底的，即使每次都能打不少水，但是盛水的桶是没有底的，估计怎么也盛不满。可是既然哥哥这么说了，就按照哥哥的办法办吧。弟弟打水打到了天黑，累得气喘吁吁，可是盛水的桶里还是一点水也没有，弟弟实在没办法，只得回家了。

他到了哥哥家，向哥哥说了情况，没想到哥哥说："明天再去吧。"

老人言

第三天，哥哥又带着弟弟去打水，弟弟刚要打水，发现今天两个水桶已经互换了，这次盛水的桶是有底的，而打水的桶是没有底的。弟弟想，虽然盛水的桶有底，可是打水的没底，这怎么能打得上水来？可是既然哥哥这么办了，那就按哥哥的方法做。

这次弟弟却发现结果不同了，虽然没底的桶每次都无法打上水，但是桶身还是可以带上一些水的，打的次数多了，盛水的桶就慢慢地变满了。于是弟弟打满了一桶水，高兴地提到了哥哥家里，要哥哥教给他过日子的方法。

哥哥笑了笑说："其实方法你已经知道了。你第一天打水，打水的桶有底但是盛水的桶却没底，就好比你无论有多少收入，却不知道节约，那么日子也只会越过越艰难。而今天打水，打水的桶没底但是盛水的桶有底，打水的桶每次都能够带上一点水，只要次数多了，就能够积少成多。就好比积蓄，只要能够坚持下去，即使每次都积蓄一点，一段时间后也能够拥有不少的积蓄，日子自然就好过了！"弟弟这才恍然大悟。

铁锹挖一下，挖不出一口井，只有通过不断地挖，不断地积累，才能够挖深，最终才能够挖出水，成为井，这就是积少成多的道理。我们的生活同样如此，有时候我们会忽略那一点点的积累，很多时候就是这些不起眼的小细节决定了我们的成败，因此做事不要总从大面着手，应该从细小的细节入手，积少成多，才能够最终获得大的收获。

日本的本田宗一郎曾经和松下幸之助有过一段谈话，本田对松下说："先有一个小目标，然后向它挑战；把它解决后，再树立一个稍微大些的目标，然后集中全力向这个目标挑战，最终实现它；然后再进一步扩大目标，再展开挑战。这样的艰苦奋斗数十年，踏踏实实一步一个脚印坚实而稳定地去攀登，我才最终有了今天的成就。"

而松下对本田说："我也是从小生意开始，勤勤恳恳、扎扎实实做事，才奠定下了现在的基础。我常对员工说，想要获得大发明，就必须先从身边的小发明入手；想做大事，就要先从小事入手。几百年前统治日本的风云人物丰臣秀吉在织田信长旗下当一名带着主人的草鞋、跟着主人的小卒时，并没有妄想要统治日本，他只是想要做全日本最好的看鞋小卒而已。因为他的这种精神，对琐碎小事从不掉以轻心，情愿在卑微的职位上竭尽全力，因此才最终成为大人物。"

这两位出身贫寒，只受过初等教育的大企业家，他们的观念和做法都很类似，都是从小事做起，经过一点一滴的努力才取得了非凡的成就。其实古往今来很多成功者做事都是从小到大的，他们从来不会急躁，而是从力所能及的范围入手，一点点发掘，一点点积累，壮大自己实力后慢慢扩大目标，最终获得成功。

【生活悟语】

千年大树，最初萌芽时也仅仅是小小的、不起眼的幼苗，高楼大厦也是从地基一寸寸逐渐筑起的，所以若想成功就要告诉自己——成功不是一蹴而就，而是步步攀爬逐步达到的。

老人言

先钉桩子后系驴，先撒窝子后钓鱼

【老人言解析】

想要将驴子拴住，就要先钉好桩子。想要钓鱼，就要先找到鱼群积聚的地方。做事一定要有计划，有先后才能够将事情顺利做好。

【人生应用：计划是行事的基础，无头苍蝇只会四处碰壁。】

人生在世，事情多如牛毛，不管是鸡毛蒜皮的小事，还是影响终身的大事，想要将它们做好，都需要做事前有个计划，有具体的时间规定，有准备和措施，有安排和步骤，这样做起事来才能事半功倍。

那些取得杰出成就的人，常常得益于做事有计划，做事有计划的人才会赢得别人的信任。福井谦一上学时化学测验总是不及格，曾因此打算放弃学业。在父亲的鼓励下，他制订了一个学习计划，从头补起，从不及格到及格，成绩扶摇直上。1981年，他获得了诺贝尔化学奖。竺可桢上中学时身体瘦弱，为了强健体魄，他制订了详细的锻炼计划，并手写了"言必信，行必果"的格言，时时提醒自己。此后，他闻鸡起舞，从不间断。自从锻炼身体后再也没有请过一次病假……

小到身边的点点滴滴，大到一生的目标追求，计划都是不可缺少的。做事有计划不仅是一种习惯，更反映了一种态度，它是把事情做好的重要因素。

狄更斯曾说过，拖延是偷光阴的贼。一天24小时，为勤勉的人带来智慧和力量，给懒散的人空留一片悔恨。有成就的人，会珍惜生命中的每一分钟，为每一年每一天每一分钟都制订好计划，绝不虚度年华。

苏联昆虫学家柳比歇夫从1916年元旦那天起，每天都要核算自己所用的时间，每天做小结，每月底做大结，年终做总结。他56年如一日，直到1972年去世的那一天。他每天记日记。没有什么能打乱他的这一习惯——休息、看报、散步、剃胡须……甚至女儿找他问问题，他都要在纸上做记号，一丝不苟地记下用了多少分钟。

他想方设法利用每一分钟的时间下脚料：乘电车时复习需要牢记的知识，排队时思考问题，散步时兼捕昆虫，在那些废话连篇的会议上演算习题……读书时间盘算得更细："清晨，头脑清醒，我看严肃的书籍；钻研一个半小时或两个小时以后，看比较轻松的读物——历史或生物学方面的著作；脑子累了，就看文艺作品。"他算出自己一个小时的看书进度：数学书4至5页，其他类书20至30页。最令他自己满意的是1937年7月："这个月我工作了316小时，平均每天7小时。如果把纯时间折算成毛时间，应该增加25至30小时。我逐渐改进我的统计。"

他统计自己1966年所用的基本科研时间为1906小时，超出原计划6小时，平均每天工作5小时13分；与1965年相比，超出了27小时。1967年他77岁，他对这一年时间的统计是读俄文书55本，用去48小时；法文书3本，用去24小时；德文书2本，用去20小时；游泳43次；娱乐65次；同朋友、学生交往用去151小时……

他认为时间是世界上最宝贵，甚至是唯一有价值的东西，他将它视为神的赐予，于是时间也就给予了他丰厚的回报。他牢牢驾驭了时间、创造出了"时间统计法"。

可是很多人却无视时间的流逝，没有时间概念。在他们眼里，半个小时很短暂，浪费一天也没什么关系。但如果你不认真对待时间，时间也不会认真对待你。所以，请为你的时间制订一个计划，虽然我们可能无法做到像柳比歇夫一般如此详细，但是只要能够做一个简单

老人言

的计划，做事情也就会有所依准，从而让我们提高效率。

在我们的人生路上难免会遇到各种各样的事情，拦截在我们面前成为阻碍和屏障，想要尽快并近乎完美地解决这些问题，就要学会冷静的思考，做出合理的安排，不能想到哪做到哪，那样只会让我们陷入尴尬境地。

王天和同学要到山里去参加为期两天的野营活动。学校向他们介绍了营地的一些情况，并为他们的准备工作提出了建议，让孩子们自己回家去准备营地生活用品。妈妈问王天是否需要帮忙，王天说自己能够照顾自己。在出发前，妈妈检查了他的行李，发现他没有带足够的衣服，因为山里要比平原冷得多，显然王天忽视了这一点。妈妈还发现他没有带手电筒，这是野营时经常需要带的东西。但是妈妈并没有给他更多的提示。

王天高兴地走了。过了两天，他回来了，妈妈问："怎么样，这次玩得开心吗？"

王天说："我的衣服带得太少了，而且由于我没有带手电筒，每天晚上都要向别人借，这两件事搞得我好狼狈。"妈妈说："为什么衣服带少了呢？"

"我认为那里的天气会和这里一样，所以只带了平常穿的衣服，没想到山里会那么冷！下次再去，我就知道该如何去做了。"

"下次如果你去南方，也带同样的衣服吗？""不会的，因为南方很热。""是的，你应该先了解一下当地的天气情况，再做决定。那手电筒是怎么一回事呢？"

"我想到要带手电筒，可我忙来忙去，最后把手电筒给忘了。我想，下次野营时我应该先列一个单子，就像爸爸出差时列的单子一样，这样就不会忘记东西了。"妈妈语重心长地告诉王天说："先钉桩子后系驴，先撒窝子后钓鱼。做什么事情都要计划周全。"

其实王天的尴尬就是计划不周造成的，如果做事情之前不冷静思考各种可能出现的情况，常常会让人顾此失彼。因此我们在遇到问题的时候，一定要冷静些，考虑全面，将可能遇到的情况想好，这样在解决问题的时候才能够轻松以对。

【生活悟语】

别一门心思只想解决问题，应该先理清其中的问题，有计划地去解决，这样才能够快速并完美地完成它——凡事谋而后动，才能不畏其变。

老人言

布衣暖，菜根香，葫芦瓜果半年粮

【老人言解析】

粗布的衣服暖和，普通的菜根香甜，葫芦瓜果就能做半年的粮食。这句老人言是告诉我们人生要过得开心，知足能够常乐。

【人生应用：不要让烦恼占据主导，快乐才是生活的追求。】

在如今的社会中，有的人活得很累、很沉重，但是也有人活得很轻松、很潇洒。其实活得快乐轻松的人并不一定比活得沉重劳累的人幸福。只是活得累的人，总有外物的牵绊，自己为自己设了枷锁，心灵有压力自然会沉重；而活得轻松的人，他们总能够摆脱自我限制，不受外物牵绊，完全获得心灵的自由，自然会感觉轻松、舒坦。

在一条河畔，住着一个磨坊主，据说他是当地最快乐的人。他从早到晚总是那样忙碌，又像云雀一样快活地唱歌。他非常乐观，身边的人也都跟着乐观起来。这一带的人都喜欢谈论他，整天烦恼的国王想要快乐，想到这里见他一面："我要去找这个奇异的磨坊主谈谈，也许他能告诉我怎样才能愉快。"

国王刚找到磨坊主，磨坊主就对他说："我快乐是因为我不羡慕任何人，所以我要多快乐就有多快乐。"国王说："我十分羡慕你，我的朋友，只要我能像你那样无忧无虑，我愿意和你换个位置。"磨坊主听后笑了，给国王鞠躬说道："我肯定不和您调换位置，先生。""我身为国王，衣食无忧，一呼百应，但是却每天忧心忡忡，烦恼苦闷，而你生活并不完美，又是什么使你在这个满是灰尘的磨坊里如此快乐呢？"

磨坊主笑着说："我不知道您为什么忧郁，但是我能简单地告诉您，我为什么快乐。我爱我的妻子和孩子，我爱我的朋友们，他们也爱我。我自食其力，不欠任何人的钱。我为什么不应当快乐呢？别看我穿的是布衣，吃的是菜根、葫芦和瓜果，可是'布衣暖，菜根香，葫芦瓜果半年粮'，我知足了。而且，这条小河，使我的水磨运转，水磨每天把谷物磨成面粉，养育我的妻子、孩子和我。"

"不要再说了。"国王说，"我羡慕你，你这顶落满粉尘的帽子比我这顶王冠更有价值。你的磨坊给你带来的快乐要比我的王国给我带来的快乐还多。如果人们都像你这样，这个世界该是多么美好！"

其实，人生中风雨阴晴的变化，是在任何地方任何时代都会有的，也是任何人都会体验到的。但由于各人主观态度不同，处理方式不同，情绪上的反应也就会不同。我们这个赖以生产、生活、生存的世界，对那些乐观的人来说充满了光明和希望，大多数的事情都相当美好、可爱；而在那些悲观的人眼里，却充满了荆棘和危险，任何事情都能引起他们的恐惧和悲伤。

有人或许会认为这种差异的根源是各人所处的情况不同，但许多人在穷困之中，却仍然自得其乐；而另一些人虽然处于颇为优裕的环境，却终日郁郁寡欢，有如大难将至。在生活的旅途中，有顺境也有逆境，有欢乐也有忧伤。不过有的人容易看到其中美好的一面，另一些人则只记住悲哀的一面。曾听过这样一句话："一个小女孩因为没有鞋子而哭泣，直到她看到一个没有双脚的人。"没有鞋穿的人总觉得自己很不幸，可当她有一天看到没有脚的人的时候，才真正感觉到什么是真正的不幸。世界上没有十全十美的事物，许多事物往往都是双刃剑，若只看到刃的一面，受伤的永远是自己。

范仲淹在《岳阳楼记》中写道："不以物喜，不以己悲，居庙堂之高则忧其民，处江湖之远则忧其君。是进亦忧，退亦忧。然则何时而乐耶？其必曰'先天下之忧而忧，后天下之乐而乐'乎！""当忧则

老人言

忧，当喜则喜"，范仲淹记岳阳楼，一为重修岳阳楼，更为劝老朋友滕子京。滕子京当年作为改革派人物受到诬陷被贬到岳州，心中愤愤不平。范仲淹便借记岳阳楼，把规劝之言和自己安身立命的态度自然而艺术地表达了出来。

"不以物喜，不以己悲"是说人的悲喜情绪不因客观景物美好而高兴，也不因个人境遇不佳而忧伤，顺其自然、豁达、超然。许多人难以做到"不以物喜，不以己悲"，因为人毕竟是有情有欲的，不可能对外界干扰无动于衷。所以，当外界干扰向自己压迫而来时，多些慨然以对，多些洒脱，看开些，生活就会充满欢乐。

乐观的人，总能找到控制自己情绪的方法，而且每时每刻都能为值得去做的事而生活着。能掌握自己情感的人是不会垮掉的，因为他们能够主宰自己，控制自己的情绪。他们懂得如何在失意中寻找快乐，懂得如何对待生活中出现的各种问题。

有这样一个老太太，晴天也哭，雨天也哭。因为她有两个女儿，大女儿卖雨伞，二女儿卖冰棍。晴天老太太怕大女儿赚不到钱，雨天又怕二女儿赚不到钱。于是有位智者开导她说，您老人家大可不必天天忧心，晴天的时候您就为二女儿高兴，今天冰棍一定好卖；雨天的时候您就为大女儿高兴，今天雨伞一定卖得好。这样一来，您就变天天哭为天天乐了。老太太一想，果真有道理，怎么我从前就没想到这个理儿呢？

其实忧和喜是事物给人带来的两种心情，只要不钻牛角尖，想问题善于从两面或多个角度去思考，哲理就在身边，大可不必忧心忡忡。悲也好，喜也罢，有时在客观环境不变，或变化比较小的情况下，就得靠主观调节，努力减少忧虑，多寻找一点快乐。把目光放长远些，不要被眼前的境遇所困扰、压倒，不要被蝇头小利所诱惑、腐蚀。

人类追求快乐之道，必须回归到生活的本身。生活的本质是现实，而不是占有，它本身就是一种喜悦，无须向外索求额外的快乐。当我们能够珍惜生活上的点点滴滴，欣赏其中的愉悦，快乐也就在其中了。

【生活悟语】

日出东海落西山，愁也是一天，喜也是一天；遇事不钻牛角尖，人也舒坦，心也舒坦。

老人言

药对方，一口汤；不对方，一水缸

【老人言解析】

如果开的药对病有用处，一口药汤就能够医治；而如果药不对症，即使喝一缸，也无法治病。做事要丁对丁，卯对卯，因地制宜才可能快速解决问题。

【人生应用：对症下药，才可药到病除。】

华佗是东汉末年著名的医学家，他精通内、外、妇、儿、针灸各科，医术高明，诊断准确，在我国医学史上享有很高的地位。华佗给病人诊疗时，能够根据不同的情况，开出不同的处方。

有一次，州官倪寻和李延一同到华佗那儿看病，两人诉说的病症相同：头痛发热。华佗分别给两人诊了脉后，给倪寻开了泻药，给李延开了发汗的药。两人看了药方，感到非常奇怪，问："我们两人的症状相同，病情一样，为什么吃的药却不一样呢？"

华佗解释说："你俩相同的，只是病症的表象，倪寻的病因是由内部伤食引起的，而李延的病却是由于外感风寒着凉引起的。两人的病因不同，我当然得对症下药，给你们用不同的药治疗了。"倪寻和李延服药后，没过多久，病就全好了。

如今，对症下药就是用来比喻要善于区别不同的情况，正确地处理各种问题。我们有时也会遇到这样的情况，面对类似的情况时，处理方法却不能相同，因为引起这种情况的根本原因不同，只有因时制宜，才能够解决这些情况，而不是不分青红皂白地用同样的办法处理。

有一次子路问孔子："如果我听到一个好主意，是不是应该马上行动起来？"孔子回答："你父亲、兄长都还在，他们的阅历与经验比你丰富，应该先问问他们，不要急着动手。"

接着，冉有也问孔子同样的问题："如果我听到一个好主意，是不是应该马上行动起来？"孔子回答："当然要马上去做。"

站在一旁的公西华听后，大感不解，就问："子路和冉有的问题是同样的，为什么您的答案却不一样？"孔子答道："子路为人冒冒失失，做事不经观察，比较草率冲动，所以我要他三思而后行；冉有遇事畏缩，没有魄力，他需要勇气与胆量，所以我鼓励他不要犹豫，听到好主意就要立即行动。"

智者对不同的人，所给出的建议也截然不同。就算他们面对的问题完全一样，但也因为性格不同，造成的利害迥然有异。我们在遇到具体问题时，也要具体分析、对待，即使我们所看到的是一样的情况，也不能一概而论。

在商业战中，这样的情况也时有发生，毕竟每一个国家及民族都具有独特的自然环境、经济条件、政治文化、民俗风情、生活习惯等。我们如果想到某个地方去经商或开辟市场，首先要了解目标市场的各种信息，鉴别目标市场消费者的价值观念及行为准则，从而真正把握人们的需要和偏好，做到对症下药。

小米是中国知名的手机生成商。其在决定进入印度市场后，首先进行了深入的市场调研。他们了解到印度消费者对价格较为敏感，同时对手机的性能和功能也有一定的要求。印度的移动互联网发展迅速，但基础设施建设相对薄弱，部分地区电力供应不稳定。

针对这些情况，小米调整了产品策略。推出了一系列高性价比的手机产品，以满足印度消费者的需求。这些手机在性能上能够满足日常使用，价格却相对亲民。同时，小米还针对印度电力不稳定的情况，对手机的电池续航能力进行了优化，确保在电力不足的情况下，手机

老人言

也能较长时间使用。

在营销方面，小米积极融入印度文化。他们举办了各种线下活动，邀请印度消费者参与体验小米产品。在广告宣传中，也融入了印度的元素和风格，让印度消费者更容易接受和认同小米品牌。

此外，小米还注重与当地的合作伙伴合作。与印度的电商平台合作，拓展销售渠道。同时，与当地的供应商合作，确保产品的生产和供应。

通过这些努力，小米在印度市场迅速崛起。如今，小米已经成为印度市场最受欢迎的手机品牌之一，市场份额稳居前列。小米的成功，得益于他们在进入印度市场时，能够"入境问俗"，深入了解当地市场和消费者需求，从而制定出适合当地的产品和营销策略。

其实"入境问俗"就好比是医生的对症下药，先调查好目标市场用户的需求情况和实际条件，然后依此来对产品进行设计和改进，这样就能够生产出最适合该市场的产品，从而尽快占领市场，获得顾客的信任，最终得以成功。如果不调查实地情况，不因地制宜，往往会事倍功半，甚至功亏一篑。

【生活悟语】

环境不同，境遇不同，产生的条件不同，所遇到的问题就会不同。即使它们外表所展现的类似，处理的方法也不可能相同。只有因地制宜、对症下药，才能够好好地解决这些问题。

第9章

居家管理：
做自己的主人，打造幸福家庭

满堂儿女，不如老夫老妻

【老人言解析】

儿女长大后都会"离巢"，真正陪伴在身边的多半是自己的老伴。我们要珍惜自己的老伴，儿孙自有儿孙福，自己的幸福还是要靠老伴。

【人生应用：人的幸福不能只靠儿女的孝顺，更要靠结发百年的老伴。】

民间传说有个艺人，他有三个儿子，他和老伴整年苦劳苦做，节衣缩食，终于盖了两处新房，给老大和老二娶了媳妇。不久他的老伴就因为积劳成疾医治无效而去世了，随后他又苦干了几年，将旧房翻新了一番，也为三儿子娶了媳妇。这时他已年老体衰，虽然三个儿子都想赡养他，但是他怕年轻人嫌弃，总是一个人躲在里间屋子里吃饭。

一天晚上，吃饭的时候大儿媳给丈夫捞了一碗稠稠的杂面条，二儿媳和三儿媳看了，也都给自己的丈夫捞了一碗稠稠的杂面条。大儿子吃着面想起了自己的老父亲，赶紧给老父亲盛了一碗已经没多少面的杂面汤，拿了两个掺杂面的饼子给父亲送了过去。老父亲咬了几口饼子，喝了几口面汤，听到外面屋里吐噜吐噜的都是面条，走近一看，果然不假。他回到里屋，将三个儿子都叫到跟前，说："小子们，现在我提三个问题，你们每人回答一个。"三个儿子都说："行！"

老父亲问："庄稼人最好的饭食是什么？"大儿子说："是家常饭。"

老父亲又问:"最好的衣服是什么?"二儿子说:"是粗布衣。"

老父亲最后问:"那知冷知热的是什么?"三儿子说:"是结发夫妻。"

老人感叹地说:"今天要是你娘还在,我这碗里也不会这么稀啊!"

其实在家庭中,夫妻的感情是维系时间最长的,儿女毕竟会组建自己的家庭,尤其在如今社会,儿女长大都会到外打拼,我们身边陪伴最久的就是我们的老伴。

【生活悟语】

一日夫妻百日恩,少年夫妻老来伴,老有所依所说的也就是夫妻之间的彼此照顾。

一个女婿半个儿

【老人言解析】

这句老人言表示女婿对于女方父母的重要性。女婿虽然不是女方父母的亲生孩子,但因为结婚后夫妻双方均有照顾两对老人的义务,相当于女方父母添了个儿子,有了更多依靠。

【人生应用:女婿孝敬岳父岳母,能顶上半个儿子的孝心。】

孝敬老人是中华民族的传统美德,我们都是依托父母才来到这个世界上的,而同时又是依靠父母才长大成人的。不管是我们自己的父母还是伴侣的父母,都是我们需要尊敬和孝敬的对象。

郑板桥是清朝乾隆时的进士,"扬州八怪"之一,以"诗书画三绝"闻名于世。他做官清廉为民,民间流传着许多关于他的故事。郑板桥当县令时,走到一个村庄,见一王姓人家的宅门上贴着一副新对联:"家有万金不算富,命中五子还是孤。"郑板桥看后就心中明白,小姐乃千金,万金即十个女儿,一个女婿半个儿,五子即十个女婿。因此,郑板桥回到县衙,便命差役将王老汉的十个女婿叫来,给他们讲了孝敬老人的道理,并规定他们要轮流侍奉岳父,最后严肃地说:"今后你们中如有哪个不善待岳父,本县定要治罪。"第二天,十个女儿、女婿就带着衣物、食品上门看望了老人。

郑板桥离任时,他告诫年轻人要"爱父如子",开始人们觉得这话有点不大好听,但年轻人按着做了,都成了大孝子。能够做到怎样关

老人言

爱自己的子女，就怎样关爱自己的父母，就是一种很大的孝敬。

在我们的身边，也有很多孝感天地的人，他们用自己的孝为现代人上了深刻的一课。张三是一个孝子，他精心照顾常年卧病在床的岳父多年。他的岳父患有脑出血压迫小脑萎缩，不能走动，但是每过一段时间张三就会带岳父出外游玩一次，每次出来都要费一番周折，但是张三无怨无悔。

张三说："当年我们盖房子的时候，老人对我们帮助很大，平时老人对我也特别好，简直把我当成了自己的亲儿子，现在老人得病了，咱得好好报报恩啊！"2006年，张三的岳父岳母双双卧病在床，姊妹虽不少，但都因为年纪已大或者家庭琐事走不开。这时，身为女婿的张三自告奋勇："我来照顾咱爹咱娘。"他毅然放弃工作，和妻子专门照顾两位老人。就这样，张三和妻子年复一年，从未停止过对两位老人的照顾。

岳母去世后，岳父的病就更加严重了，意识也开始不清醒，整天像个小孩一样，有时候还不认人。张三还自学按摩，定时给老人做按摩帮助康复，每天做好可口的饭菜端到老人床前，一口一口地喂老人，几年如一日，从不厌烦。有时，老人耍小孩脾气，不吃饭或者不睡觉，他就给老人讲笑话逗老人开心。随着病情的加重，岳父的大小便不能自理，很多时候都意识不到自己已经拉了、尿了，更加大了护理难度，张三每天晚上都要起来几次为老人换尿布，早上起来再把尿布洗出来。每天在院子里晾着大大小小的十几块尿布，都是张三亲手为自己的岳父清洗的。然而张三就是天生的好脾气，整天端屎端尿，碰到老人便秘还要用手去帮助，有时妻子要帮忙，他总是憨憨地笑笑："一个大男人，我弄就行。"

张三对岳父的照顾非常细心，每天都要把老人抱到轮椅上，推到院子里透气，给老人刮胡子、理发，总是整理得干干净净。用他的话说，"有老人在，就是我们做儿女的福气"。他几年的付出，赢得了兄弟姐妹们的一致赞誉，孩子们也在他的影响下尊老爱幼，放学回家放下书包就跑到姥爷身边问寒问暖。

　　我们来到这个世界上生活成长，都是父母在照料。当我们长大，老人慢慢老去时，我们也应该如同他们照料我们一样去孝顺他们。

【生活悟语】

　　一个女婿半个儿，一个媳妇半个女，男女都应该向彼此父母行孝道。我们都是父母辛苦养育长大成人的，当结为夫妻后组建了自己的家庭，就更应该彼此珍爱，孝顺彼此的父母。

老人言

家有贤妻，不给男人惹是非

【老人言解析】

在家庭中如果妻子比较贤惠，就会很少给丈夫招惹是非，尤其当丈夫做错事的时候，贤惠的妻子就能够警醒和提示丈夫，这样家庭才能幸福安康。做一名贤惠的妻子，就要为家庭和谐做出贡献。

【人生应用：家有贤妻万事兴，少有祸事多幸福。】

一个和睦美满的家庭犹如一艘稳健航行的船只，能抵御风雨，驶向幸福的彼岸。而在其中，一位贤妻往往起着至关重要的作用，她如同家庭的"定海神针"，为家人带来安宁与祥和。"家有贤妻万事兴，少有祸事多幸福"这句话在许多家庭的故事中都得到了深刻的印证。下面，就让我们用一个故事，去感受贤妻的力量以及"家有贤妻，不给男人惹是非"的真谛。

晓妍和王强是一对普通的夫妻，生活在一个宁静的小镇上。他们的婚姻生活平淡而幸福，虽然没有大富大贵，但彼此相互关爱，日子过得也算温馨。

王强是一个善良老实的人，在镇上的一家工厂工作，为人诚恳，工作努力。晓妍则是一位温柔贤惠的妻子，她把家里打理得井井有条，对王强也是关怀备至。每天，她都会早早起床为王强准备营养丰富的早餐，让他能以饱满的精神去工作。晚上，她会做好可口的饭菜，等待王强回家，一家人围坐在一起，分享着一天的点滴。

然而，生活总是充满了各种变数。有一段时间，王强所在的工厂效益下滑，面临着裁员的危机。王强的心情变得十分沉重，他担心自己会失去工作，给家庭带来经济压力。晓妍察觉到了王强的焦虑，她没有抱怨，也没有给王强增添额外的压力，而是默默地给予他支持和鼓励。

她安慰王强说："老公，不管发生什么事情，我们都一起面对。你工作这么努力，一定会渡过这个难关的。就算真的失业了，我们也可以一起想办法，生活总会好起来的。"在晓妍的鼓励下，王强渐渐放下了心中的包袱，更加努力地工作，同时也开始积极寻找其他的就业机会，以防万一。

就在这个时候，一件意想不到的事情发生了。王强的一个朋友找到他，说有一个看似很赚钱的投资项目，邀请王强一起参与。王强听了朋友的介绍，有些心动。他觉得这可能是一个改变家庭经济状况的好机会，于是回家和晓妍商量。

晓妍听了王强的讲述后，并没有立刻表示赞同。她冷静地分析了这个投资项目，觉得其中存在一些风险和不确定性。她对王强说："老公，我知道你想为家里多赚点钱，但是这个投资项目听起来不太靠谱。我们不能只看到眼前的利益，而忽略了潜在的风险。我们现在的生活虽然不富裕，但是很安稳。我们不能把家里的积蓄都拿去冒险，如果失败了，我们怎么办呢？"

王强听了晓妍的话，觉得有道理，但心中还是有些犹豫。他觉得朋友说得很有信心，而且这个机会看起来也很难得。晓妍看出了王强的心思，她没有强行阻止，而是建议王强再去深入了解一下这个项目，找一些专业的人士咨询一下，别听朋友的一面之词。

于是，王强按照晓妍的建议，去咨询了一位在金融领域工作的朋友。这位朋友仔细分析了这个投资项目后，告诉王强这个项目存在很大的风险，很可能是一个骗局。王强听了后，惊出了一身冷汗。他庆幸自己没有盲目地参与投资，同时也对晓妍的明智和谨慎充满了感激。

这件事情过后，王强更加深刻地体会到了晓妍的贤德。他意识到，如果不是晓妍的冷静和理智，自己很可能会陷入一个巨大的麻烦之中，给家庭带来沉重的打击。

　　随着时间的推移，王强所在的工厂通过改革和创新，逐渐走出了困境，王强也保住了自己的工作。他们的生活又恢复了往日的平静和幸福。而王强也更加珍惜和晓妍之间的感情，他深知，正是因为有了晓妍这样一位贤妻，他们的家庭才能在面对各种困难和风险时，保持稳定和安宁。

　　在这个故事中，晓妍在面对丈夫工作上的压力和生活中的诱惑时，始终保持着冷静、理智和善良。她用自己的智慧和爱，为家庭撑起了一片温暖的天空。

　　当丈夫面临失业的危机时，她没有抱怨和焦虑，而是给予他鼓励和支持，让他能够重新振作起来，积极面对困难。这种在困难时的陪伴和鼓励，是夫妻之间最宝贵的财富，它能增强彼此的信心，让家庭更加幸福。

　　而在面对投资诱惑时，晓妍更是展现出了她的睿智和谨慎。她没有被眼前的利益所迷惑，而是通过理性的分析，提醒丈夫注意潜在的风险。她的这种行为，不仅保护了家庭的财产安全，更避免了丈夫可能陷入的是非和麻烦之中。她深知，一个安稳的家庭比一时的财富更为重要，因此她始终坚守着这份理智，为家庭的长远幸福着想。

　　在现实生活中，我们常常看到一些家庭因为各种原因而陷入困境，其中不乏因为妻子的不明智行为而给家庭带来麻烦的例子。比如，有些妻子过于虚荣，盲目追求物质享受，导致家庭经济负担过重；有些妻子在处理人际关系时不够理智，经常与他人发生矛盾，给丈夫带来不必要的困扰；还有些妻子在面对诱惑时不能坚守底线，从而引发家庭危机。

　　相比之下，晓妍这样的贤妻则是我们学习的榜样。她用自己的行动诠释了什么是真正的贤德和智慧。她懂得在家庭中扮演好自己的角色，关心丈夫、照顾家庭，同时又能在关键时刻做出正确的决策，为家庭保驾护航。

一个家庭的幸福和安宁，需要夫妻双方共同努力。而作为妻子，拥有善良、理智、勤劳等品质，无疑是家庭的一大福气。她能够为丈夫营造一个温馨的港湾，让他在疲惫时能够得到休息和安慰；她能够教育好孩子，传承良好的家风；她还能够在家庭面临困难和挑战时，成为丈夫的坚强后盾，共同克服困难。

正如古人所言："家有贤妻，不给男人惹是非。"让我们珍惜身边那些如同晓妍一样的贤妻，同时也希望每一位妻子都能以贤德为榜样，用心经营家庭，用爱守护家人。

【生活悟语】

夫妻两人是所构建的家庭中的主心骨，彼此都应该有相互监督的职责，想要家庭美满幸福就必须少惹祸事，夫妻两人都应该对对方起到督促作用。

老人言

好狗不咬鸡，好汉不打妻

【老人言解析】

一条好狗在家中不会去咬家中养的鸡，而一个好的丈夫是不会动手打自己妻子的。想要家庭幸福美满，夫妻就要和谐相处，凡事都要和睦地处理。

【人生应用：想要家庭幸福，就要夫妻相敬如宾。】

一个家庭是需要两个人好好维护的，只有夫妻和睦、相敬如宾才能够使得家庭幸福美满。家庭是我们的避风港和缓解压力的地方，在这样的环境下，夫妻更应该和睦相处，才能够让家庭氛围轻松，夫妻感情亲密。

柳年的父亲从小就教育他要好好做人。从小时候的性格养成，到长大后的学习，再到逐渐构建家庭后的矛盾处理，他的父亲都在他人生最关键的节点为他指明了方向。

柳年结婚后，因为生活压力较大，和妻子常常因家庭琐事而争吵，婚姻没持续多长时间竟亮起了红灯。两人在经历多次争吵后，柳年有时候还会对妻子动手，没过多久，两人就准备去法院解除婚姻关系了。他的父亲听到消息后，急匆匆地赶到，就开始劝道："一日夫妻百日恩，百日夫妻似海深。好狗不咬鸡，好汉不打妻。夫妻同心，其利断金。"经过柳年父亲苦口婆心的教育，柳年感觉愧对自己的妻子，而他的妻子也是后悔自己不够贤惠，两个人决定不离婚了。柳年开始控制自己的情绪，不再为了鸡毛蒜皮的小事而大动干戈，妻子也开始操持家庭的琐事，两人相敬如宾过起了幸福的生活，这时父亲才露出了欣慰的笑容。

如今已到中年的柳年，已为人父，事业如日中天，家庭美满幸福。这时他深深地体会到，正是有了父亲那些老话的教诲，才让他有了今天的幸福生活。他把父亲那些教育他的老话记录下来，宝贝一样地珍藏着，规则一样地遵守着，准备以此来教育自己的儿子。

夫妻两人朝夕相处必然会有矛盾和摩擦，在此过程中，夫妻感情若想维系下去，就不能靠外力来调和，而应该彼此交心，彼此理解，这样才能够幸福美满。

【生活悟语】

家庭是靠爱来支撑的，然而武力却是爱的最大敌人，谁都不愿意在自己的家中被亲爱的人拳脚相加。因此，若要想家庭和睦，就必须杜绝武力，用真心的爱来滋润彼此的感情。

老人言

不当家不知柴米贵，不养儿不知父母恩

【老人言解析】

没有成立家庭的人就不会知道经营一个家庭的艰辛和苦恼；不亲自养育自己的儿女，便不能真切地体会父母的养育之恩。这句话告诉我们：儿女对父母的爱虽然心感身受，但是自己未做父母前，没有养育生命的经历和体会，是很难真正感受父母那无私的爱的。

【人生应用：勇于承担责任并学会感恩，这样的人生才是充实而有意义。】

父母的爱是最无私的，我们在身为父母之前可能只知道父母的爱包涵广大，但是却难以切身感受，只有自己成了父母才能切身体会到父母的伟大。父母的恩德不是无以回报或报答不尽，只要我们能够尽到做儿女的责任和义务，具有对父母应该有的关怀和尊敬，就可以说是知恩不忘报了。

老张的儿媳妇很是专横跋扈。因此，他只得自己搬出了家，另觅了一间小房子独居。过了几年老张在孤独中去世，而他的儿子小张有了孩子，此时小张才体会到为人父母的艰辛，可是已经无法弥补父亲了。过了些年，小张的儿子逐渐长大了，婚后也搬出去单过，开始自己生活，并且还养起了猪，生活过得很平静。有一段时间村子里常常闹贼，有一天深夜，小张听到街上似乎有人吵嚷谁家的猪丢了，于是心里七上八下，开始胡思乱想。他翻来覆去睡不着，于是便爬了起来，

摸着黑绕过村子里的一条大街、两条小巷，才摸到儿子家后面的猪圈里，又是用手摸，又是拿耳朵听。两头大猪哼哼着都还在，几头猪宝宝也都还在，这时他才放下了心。

在回去的路上，他突然想起了几年前已经过世的父亲，那个一直被他视为麻烦且可笑的老父亲：自己婚前，吃饭的时候即使有客人在，父亲也会将最好的东西留给小张；当他生病时，父亲会不辞辛劳地背着他求医问药……想到这些，在这静悄悄的夜里，小张流下了眼泪。真的是不养儿不知道父母恩啊！如今自己不正是在重复老父亲为自己所做的一切吗？即使儿子已经独立生活长大成人，可是自己还是心中不时牵挂……

只有经历了抚育、教导的过程，才能够切身体会到父母的艰辛，一个人只有在有了自己的孩子后，才能够真正地懂得父母的爱，甚至要等到父母过世才能够醒悟过来，自己的父母那无私的爱是多么伟大。

这里有一份父母为孩子所写的，却从来没有寄出的信，字里行间都展示着父母对儿女的牵挂和爱意：

孩子，希望等你长大了，爸爸妈妈也老了，你能读懂这篇文章！

孩子，当你还很小的时候，我花了很多时间，教你慢慢用汤匙、用筷子吃东西，教你系鞋带、扣扣子、溜滑梯，教你穿衣服、梳头发、擤鼻涕。这些和你在一起的点点滴滴，是多么令我怀念不已。所以，当我想不起来、接不上话时，请给我一点时间，等我一下，让我再想一想……极可能最后连要说什么，我也一并忘记。

孩子！你忘记我们练习了好几百回，才学会的第一首儿歌吗？是否还记得，每天总要我绞尽脑汁去回答不知道从哪里冒出来的"为什么"吗？所以，当我重复又重复说着那些老掉牙的故事，哼着你孩提时代的儿歌时，体谅我，让我继续沉醉在这些回忆中吧！希望你也能陪着我闲话家常吧！

孩子，现在我常忘了扣扣子、系鞋带。吃饭时，会弄脏衣服，梳头发时手还会不停地抖，不要催促我，给我多一点耐心和温柔，只要

老人言

有你在一起，就会有很多的温暖留在心头。孩子！如今，我的脚站也站不稳，走也走不动。所以，请你紧紧握着我的手，陪着我，慢慢地，就像当年一样，我带着你一步一步地走……

一句"不养儿不知父母恩"，深深打动众人心。父母是生养教育我们的人，一个人从出生到牙牙学语，再到嬉笑奔跑，最后成才、成家立业，父母不知道要经历多少艰辛，花费多少心血。在喜悦、忧虑、烦恼中，看着自己的孩子一点点长大，这份爱是最无私也最伟大的。父母的爱如山般高大厚重，如水般绵长清澈，这是世界上最值得珍惜和留存的爱，也是我们做人最值得报答的恩德。

【生活悟语】

不要因为父母的唠叨而心生烦躁，不要因为父母的挂念而心感麻烦，父母的爱是最实质的，也是最伟大最无私的。所以，在父母有生之年请尽自己最大的能力去孝敬父母，从生活、心灵中去回报父母那养育之恩。

但行好事，莫问前程

【老人言解析】

一个人，应该专注于去做善良、有益的事情，而不要过分担忧未来的结果和回报。行好事不仅能给他人带来帮助，也能让自己内心充实。当我们秉持这样的信念去处世时，往往能在不经意间收获美好的结果。

【人生应用：做好事的不求回报，往往自有回报。】

小时候，我的爷爷就经常对我说："一个人要多做好事，而不应为了回报去做好事。只有与人方便，才能自己方便。"对此，我是深信不疑的。

多年前，我在网络上读到过一个小故事，故事的情节大概是这样的：

在一天的深夜，一名男子沿着一条小径往家走去，那小径上的灯光十分昏暗。当经过一片茂密的丛林时，他听到了有人在挣扎和喘息。他顿时慌乱起来，急忙停下脚步，竖起耳朵仔细倾听。那分明是两个人扭打在一起的声音，其间还夹杂着衣服被撕裂的声响。他瞬间意识到，肯定有一个女人正在遭受袭击。

男子内心充满了挣扎，自己究竟该不该卷入这个事件当中呢？他一方面担忧着自身的安全，另一方面又懊恼自己为什么今晚要选择这条小路回家。要是他也成为另一个受害者可怎么办？是不是我应该跑

老人言

到附近的电话亭给警察打电话就算了呢？一瞬间男子脑海中转过这么多想法，可是受害者挣扎声越来越微弱了。他清楚他必须采取行动了。

男子不再挣扎，不再考虑自身安危，最终下定决心，哪怕是冒着生命危险，也绝不能让那个不知名的柔弱女子受到歹徒的侵害。

男子立刻冲进丛林，用力将歹徒打倒，然后两个人扭打在一起，在地上滚来滚去。最后，歹徒被男子不要命的气势所慑，放弃抵抗，逃走了。男子气喘吁吁地爬起来，那个蹲在黑暗中的女孩还在抽泣，男子看不清她的面容，只知道她不停地颤抖。男子不想再让她受到惊吓，便和她保持了一段距离，缓缓地说："好了，坏人已经跑了，你现在安全了。"

接着是一阵长长的沉默，然后男子才听到她开口说话，带着令人难以置信的惊讶："爸爸！是我！"随后，女孩从那片丛林中站了起来。

现实生活中，许多人怀疑做了好事不一定有好的回报。我们也常听人说："好心没好报！"同时也似乎有许多案例在支持这个论点。但是在这个故事当中，男子冒着生命危险去援助一个受侵袭的不知名的弱女子，结果他救回的是自己的女儿。在这个父亲下了救人的决心之时，他变得不可思议的孔武有力。因他有救人的心，而得到了保护家人安全的结果。

我们其实不需要去想做了好事是不是就会有回报，就像这个父亲一样，他为陌生人付出了勇敢的行动，结果回报的却是他自己。

"但行好事，莫问前程"并不是一句空话，而是需要我们认真体会的有着深刻哲理的名言。

【生活悟语】

一个人其实只要做了好事，就算是不宣扬，也会有人知道的；就算是不求回报，结果也会有回报的。